MATEMÁTICA

CÉLIA PASSOS

Cursou Pedagogia na Faculdade de Ciências Humanas de Olinda – PE, com licenciaturas em Educação Especial e Orientação Educacional. Professora do Ensino Fundamental e Médio (Magistério) e coordenadora escolar de 1978 a 1990.

ZENEIDE SILVA

Cursou Pedagogia na Universidade Católica de Pernambuco, com licenciatura em Supervisão Escolar. Pós-graduada em Literatura Infantil. Mestra em Formação de Educador pela Universidade Isla, Vila de Nova Gaia, Portugal. Assessora Pedagógica, professora do Ensino Fundamental e supervisora escolar desde 1986.

5ª edição
São Paulo
2022

Coleção Eu Gosto Mais
Matemática 1º ano
© IBEP, 2022

Diretor superintendente	Jorge Yunes
Diretora editorial	Célia de Assis
Coordenação editorial	Viviane Mendes Gonçalves
Assistentes editoriais	Isabella Mouzinho, Patrícia Ruiz e Stephanie Paparella
Revisores	Denise Santos, Erika Alonso e Márcio Medrado
Secretaria editorial e processos	Elza Mizue Hata Fujihara
Ilustrações	Imaginario Studio, Izomar, M10 Editorial, João Anselmo e José Luis Juhas/Ilustra Cartoon
Produção gráfica	Marcelo Ribeiro
Projeto gráfico e capa	Aline Benitez
Ilustração da capa	Gisele Libutti
Diagramação	N-Public/Formato Comunicação

DADOS INTERNACIONAIS DE CATALOGAÇÃO NA PUBLICAÇÃO (CIP) DE ACORDO COM ISBD

P289e

Passos, Célia
    Eu gosto m@is: Matemática 1º ano / Célia Passos, Zeneide Silva. – 5. ed. – São Paulo : IBEP – Instituto Brasileiro de Edições Pedagógicas, 2022.
    234 p. : il. ; 20,5cm x 27,5cm. – (Eu gosto m@is)

ISBN: 978-65-5696-206-1 (aluno)
ISBN: 978-65-5696-207-8 (professor)

1. Ensino Fundamental Anos Iniciais. 2. Livro didático. 3. Matemática. I. Silva, Zeneide. II. Título. III. Série.

2022-2423   CDD 372.07
                                                CDU 372.4

Elaborado por Odilio Hilario Moreira Junior – CRB-8/9949

Índice para catálogo sistemático:
1. Educação – Ensino fundamental: Livro didático 372.07
2. Educação – Ensino fundamental: Livro didático 372.4

Impressão e acabamento: 2025 - Esdeva Indústria Gráfica Ltda. - CNPJ: 17.153.081/0001-62
Av. Brasil, 1405 - Poço Rico - Juiz de Fora - MG - CEP.: 36020-110

5ª edição – São Paulo – 2022
Todos os direitos reservados

Rua Agostinho de Azevedo, S/N – Jardim Boa Vista
São Paulo/SP – Brasil – 05583-140
Tel.: (11) 2799-7799 – www.editoraibep.com.br

APRESENTAÇÃO

QUERIDO ALUNO, QUERIDA ALUNA,

Ao elaborar esta coleção pensamos muito em vocês.

Queremos que esta obra possa acompanhá-los em seu processo de aprendizagem pelo conteúdo atualizado e estimulante que apresenta e pelas propostas de atividades interessantes e bem ilustradas.

Nosso objetivo é que as lições e as atividades possam fazer vocês ampliarem seus conhecimentos e suas habilidades nessa fase de desenvolvimento da vida escolar.

Por meio do conhecimento, podemos contribuir para a construção de uma sociedade mais justa e fraterna: esse é também nosso objetivo ao elaborar esta coleção.

Um grande abraço,

As autoras

SUMÁRIO

LIÇÃO

1 Localização 6
- Iguais e diferentes • Fino e grosso 6
- Curto e comprido 7
- Alto e baixo • Cheio e vazio • Dentro e fora 8
- Maior e menor • Largo e estreito • Em cima e embaixo 10
- Localização 11

2 Quantidades 13
- A ideia de quantidade 14

3 Números 18
- Os números e os códigos 18

4 Números de 0 a 10 22

5 Ordenação 41
- Ordem crescente e ordem decrescente 41

6 Adição com total até 9 46
- Fatos básicos da adição 56

7 Números ordinais 59

8 Sólidos geométricos 62

9 Dezena 67
- Meia dezena 69

10 Números pares e números ímpares 72
- Álgebra: sequências 77

11 Subtração 78

12 Números de 11 a 49 87
- Números de 11 a 19 87
- Números de 20 a 29 92
- Números de 30 a 39 98
- Números de 40 a 49 104

LIÇÃO

13 **Dúzia e meia dúzia** 110
- Dúzia e meia dúzia 110

14 **Figuras geométricas planas** 117

15 **Números de 50 a 99** 122
- Números de 50 a 59 122
- Números de 60 a 69 126
- Números de 70 a 79 130
- Números de 80 a 89 134
- Números de 90 a 99 138

16 **Dezenas exatas** 143
- Composição e decomposição com dezenas exatas 147

17 **Adição e subtração até 99** 156
- Adição até 99 156
- Subtração até 99 161

18 **Centena** 166
- Álgebra: padrão de uma sequência 169

19 **Noções de multiplicação e divisão** 171
- Combinação 173
- Estudo do acaso 176

20 **Noções de tempo** 178
- O relógio 178
- O calendário 182

21 **Medidas de comprimento** 187
- O metro e o centímetro 188

22 **Medidas de massa** 193

23 **Medidas de capacidade** 197
- O litro 197

24 **Dinheiro brasileiro** 201

Almanaque 209

LIÇÃO 1

LOCALIZAÇÃO

Iguais e diferentes

1 Circule a figura **diferente** de cada grupo.

Fino e grosso

2 Circule o pincel mais **fino**.

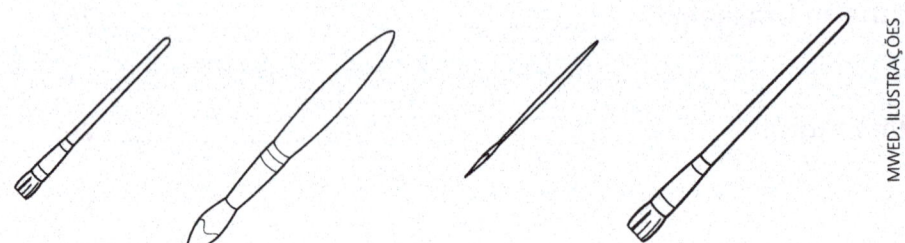

Curto e comprido

3 Faça um X no pedaço de barbante mais **comprido**.

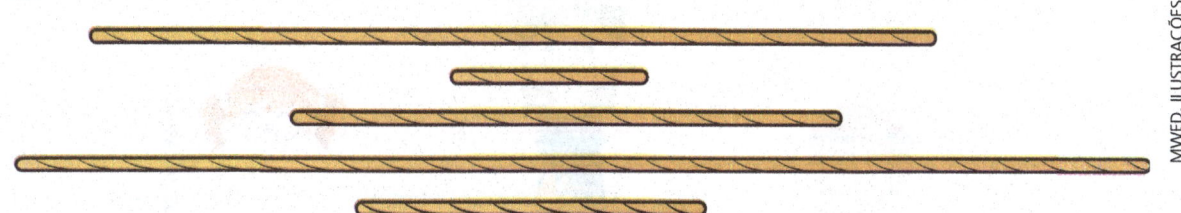

4 Observe com atenção a ilustração e faça o que se pede.

a) Circule os palhaços que têm roupas **iguais**.

b) Pinte a corda mais **grossa**.

c) Faça um X no mágico que segura a varinha mais **curta**.

Alto e baixo

5 Circule a criança mais **alta**.

Cheio e vazio

6 Faça um X no copo **cheio** de suco.

Dentro e fora

7 Pinte a borracha que está **fora** do estojo.

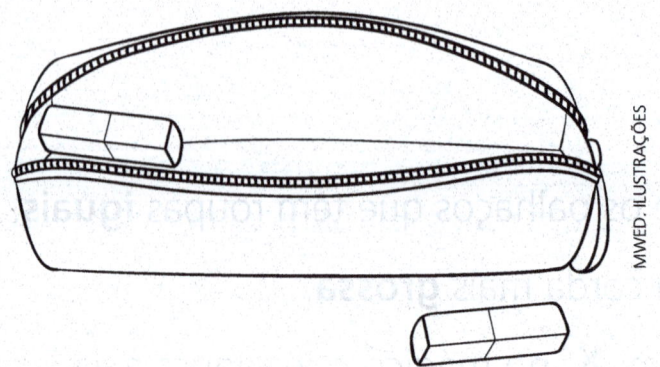

8 Observe as crianças brincando e faça o que se pede.

a) Circule a criança mais **baixa**.

b) Pinte de vermelho a caixa que está **vazia**.

c) Pinte de azul os brinquedos que estão **dentro** das caixas.

Maior e menor

9 Observe e compare o tamanho dos círculos. Pinte o maior e faça um [X] no círculo menor.

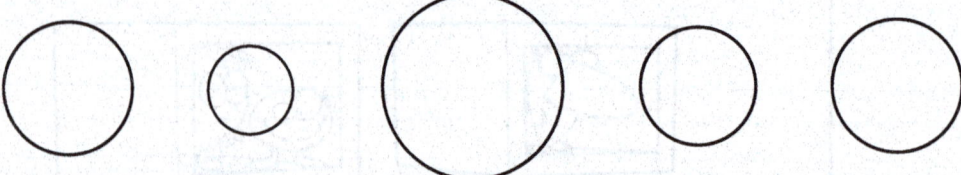

Largo e estreito

10 Observe a cerca. Pinte a madeira mais **estreita**.

Em cima e embaixo

11 Faça um [X] no objeto que está em cima da cama. Circule os que estão embaixo dela.

Localização

12 Faça um X no atleta que está **perto** da linha de chegada.

13 Você sabe do que eles estão brincando? Pinte de azul a camiseta da criança que está **atrás** da árvore. Pinte de vermelho a camiseta da criança que está **na frente** da árvore.

14 Circule o brinquedo que está **à direita** da menina. Qual o nome do brinquedo que está **à esquerda** da menina?

15 Observe a cena e leia o nome de cada criança.

a) Complete a ilustração seguindo as instruções. Utilize os adesivos da página 233 e cole:

- o porta-lápis de cor **à esquerda** de Eduardo;
- duas lixeiras **entre** Camila e Paula;
- os papéis **na frente** de Camila e Paula;
- o banquinho **atrás** de Márcio;
- o estojo **na frente** de Daniel.

b) Responda oralmente.

- Quem está à direita de Daniel?
- Quem está perto de Eduardo?

LIÇÃO 2

QUANTIDADES

Observe e explique como cada criança faz a contagem dos brinquedos.

- Como você contaria essas quantidades?

A ideia de quantidade

Há mais meninas ou meninos nesta turma? Vamos descobrir?

Para tirar essa dúvida, cada menino deu a mão para uma menina. O que eles descobriram?

- Há mais meninos ou meninas nessa turma?
- Por quê?

ATIVIDADES

Compare as quantidades dos grupos e faça o que se pede.

1 Pinte o grupo que tem **mais** elementos.

2 Circule o grupo que tem **menos** elementos.

 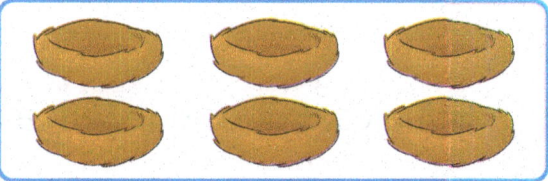

3 Pinte um quadrinho para cada ovo que está no ninho.

4. Desenhe:

a) **mais** corações do que estrelas.

b) **menos** bolinhas do que risquinhos.

5. Ligue os grupos que têm a **mesma** quantidade de elementos.

INFORMAÇÃO E ESTATÍSTICA

Observe a estante de livros de Caio.

Pinte um ☐ para cada livro, seguindo a indicação das cores.

- Qual é a cor da capa dos livros que aparece em **maior** quantidade?

- Qual é a cor da capa dos livros que aparece em **menor** quantidade?

LIÇÃO 3 — NÚMEROS

Os números e os códigos

Os números estão presentes no dia a dia de todas as pessoas. Eles podem representar códigos. Os códigos auxiliam na organização de informações.

Para criar uma senha de acesso em um aparelho eletrônico, você pode usar letras e números como código.

- Você se lembra de outras situações em que usamos os números?

ATIVIDADES

1 Observe os números que aparecem nestas figuras.

Agora, circule os números que representam códigos.

2 Toda moradia tem um número que representa um código de localização. Escreva um número para esta casa.

3 Circule todos os números que representam código no bilhete do cinema.

sala **02**
O menino do cabelo azul

Sessão   Ingresso   Lugar
15-02-19   Inteira   **M**
20:10   R$ 32,00   **9**

Cod. Fiscal: 4716

Proibida a troca de Ingresso

15/02   18:52   1163524418

4 Observe a cena.

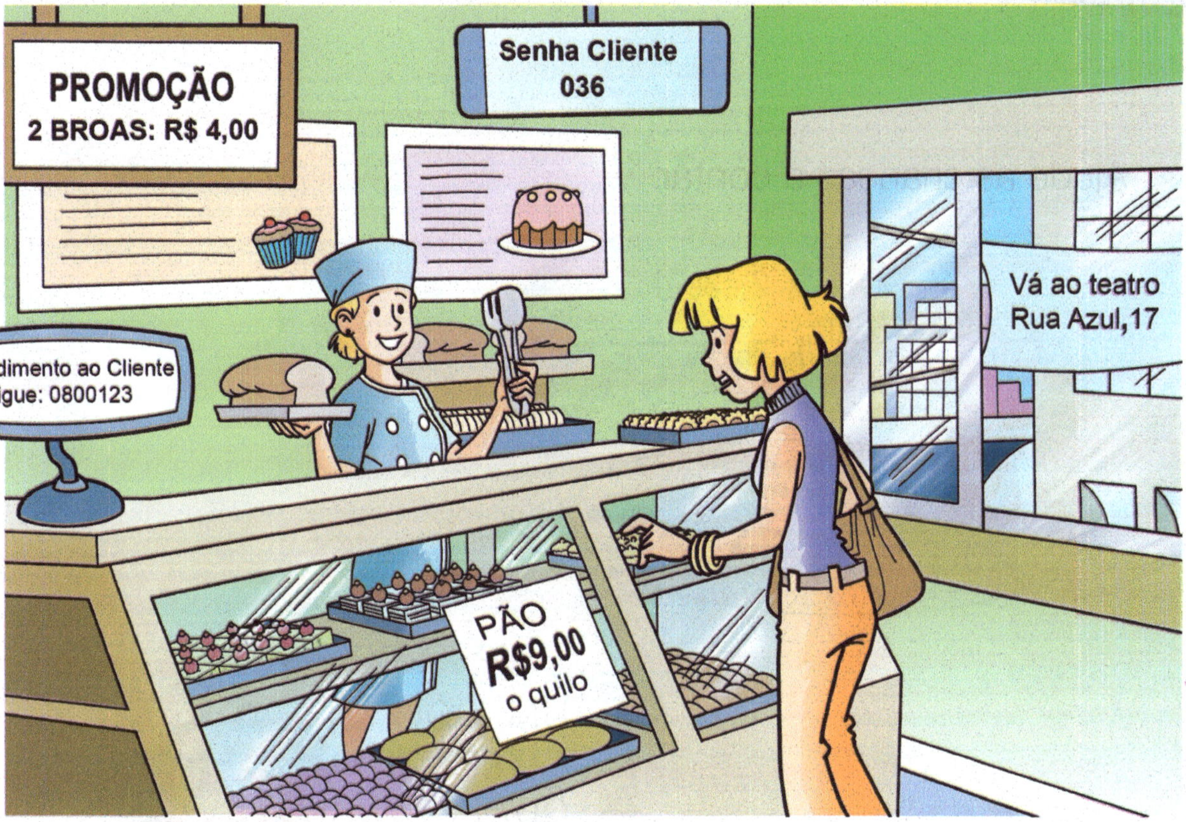

MWED ILUSTRAÇÕES

Circule os números que representam códigos.

5 Observe a cena de rua.

MWED ILUSTRAÇÕES

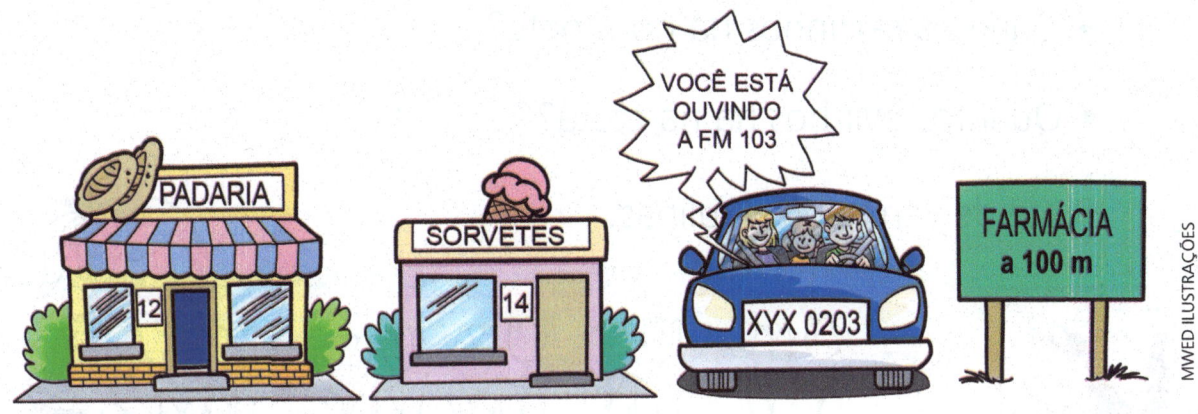

Circule o número que não indica código.

LIÇÃO 4
NÚMEROS DE 0 A 10

Ajude as crianças a contar.

- Quantos carrinhos há no tapete?

- Quantos ovinhos há na cesta?

Pinte de vermelho 8 tulipas.

número 1

ATIVIDADES

1 Observe os agrupamentos, conte os elementos e faça o que se pede.

Pinte onde há apenas 1 elemento.

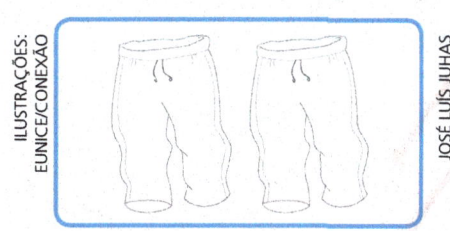 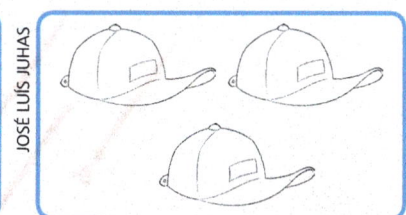 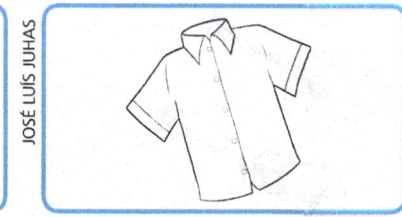

2 O que falta nestes quadros? Complete-os.

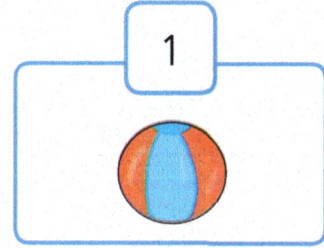  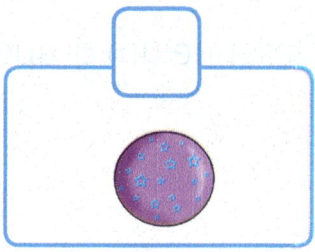

3 Escreva o número 1.

número 2

dois

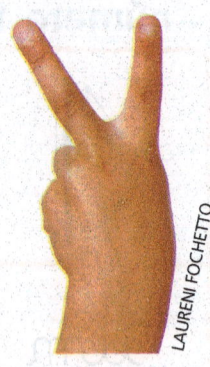

ATIVIDADES

1 Observe os agrupamentos, conte os elementos e faça o que se pede.

Marque com um [X] os grupos com 2 elementos.

  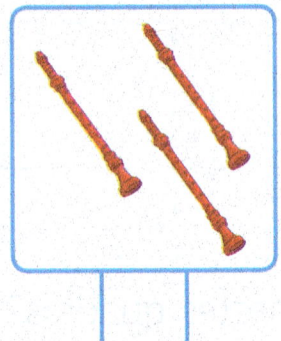 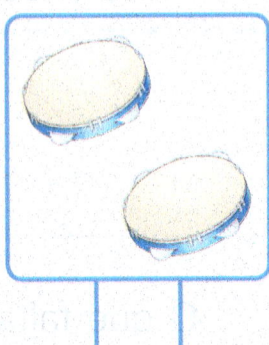

2 Desenhe um grupo com 2 elementos.

3 Escreva o número 2.

4 Pinte de amarelo a etiqueta dos grupos com 2 objetos e de azul a etiqueta dos grupos com 1 objeto.

número 3

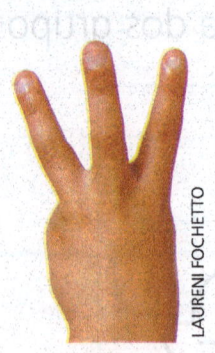

ATIVIDADES

1 Observe os agrupamentos, conte os elementos e faça o que se pede.

Quantos chapéus há em cada quadro?

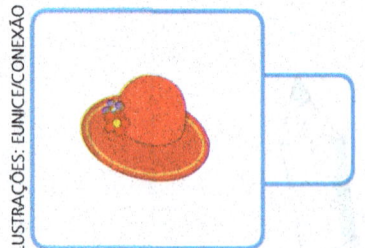

2 Complete os desenhos para o menino ficar com 3 balões.

3 Escreva o número 3.

3 3

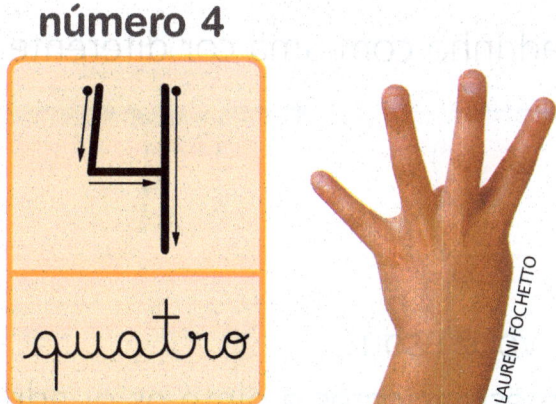

número 4

quatro

ATIVIDADES

1 Observe os agrupamentos, conte os elementos e faça o que se pede.

Quanto falta para formar 4? Desenhe.

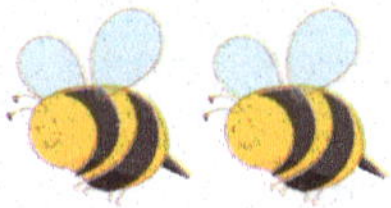

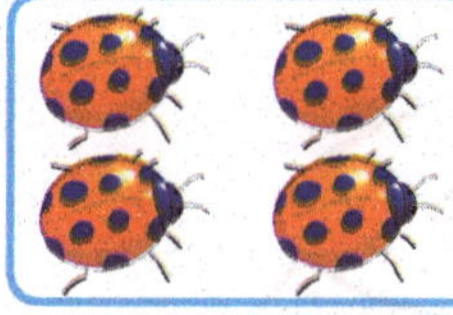

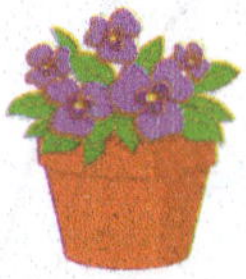

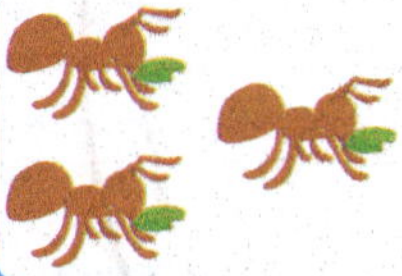

2 Escreva o número 4.

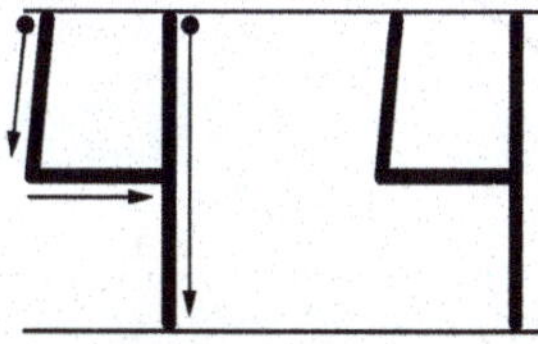

3 Pinte cada quadrinho com uma cor diferente.

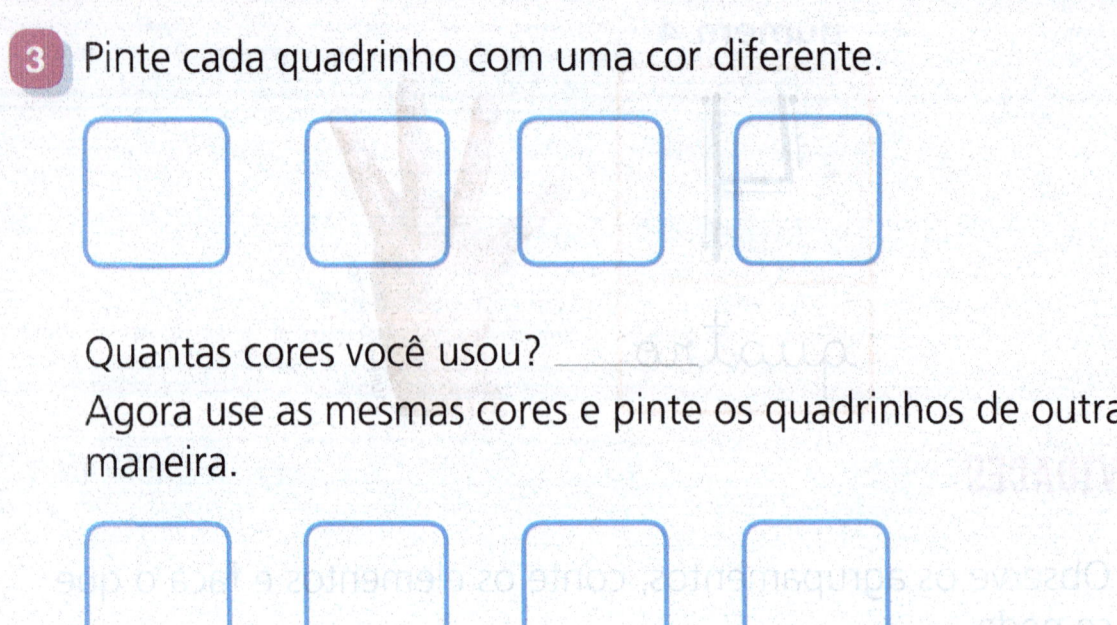

Quantas cores você usou? _____
Agora use as mesmas cores e pinte os quadrinhos de outra maneira.

Compare sua resposta com a de seus colegas.

4 Desenhe 4 peixes no aquário.

número 5

ATIVIDADES

1 Desenhe a quantidade de frutas na cesta de acordo com o número que cada etiqueta indica e responda às questões.

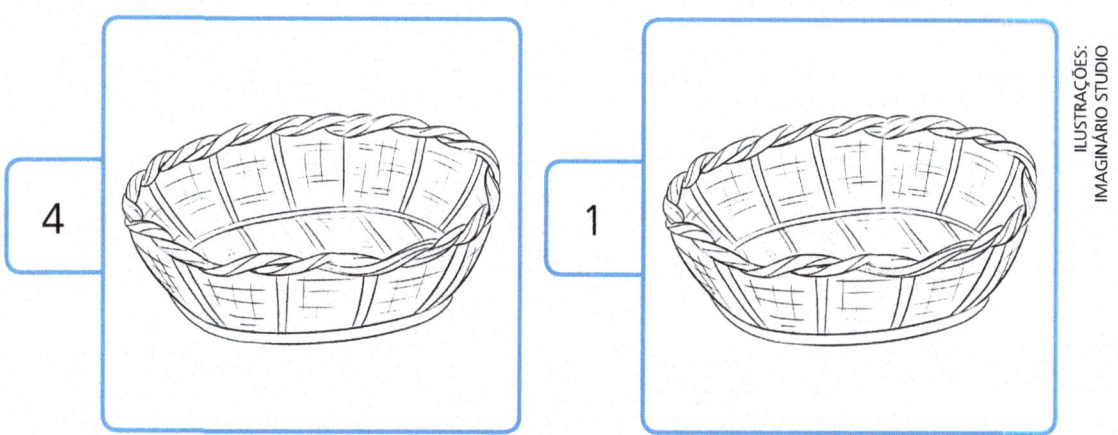

- Quantas frutas você desenhou em cada cesta?

- Quantas frutas você desenhou no total?

2 Escreva o número 5.

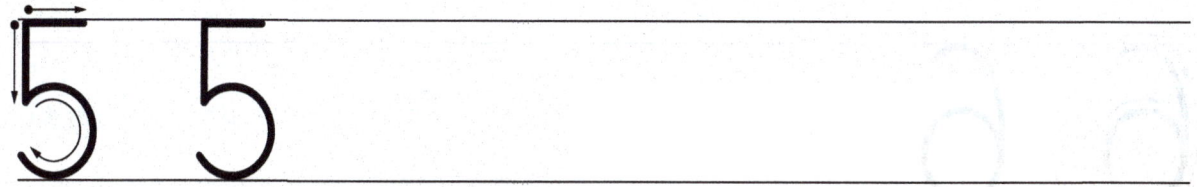

número 6

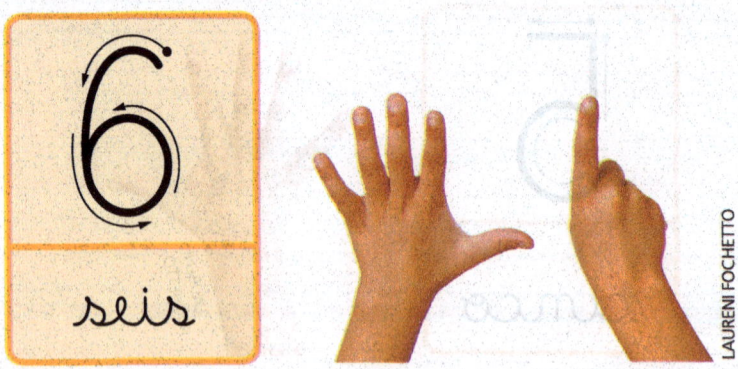

ATIVIDADES

1 Observe os agrupamentos, conte os elementos e faça o que se pede.

Em cada coluna, pinte a quantidade de quadrinhos indicada.

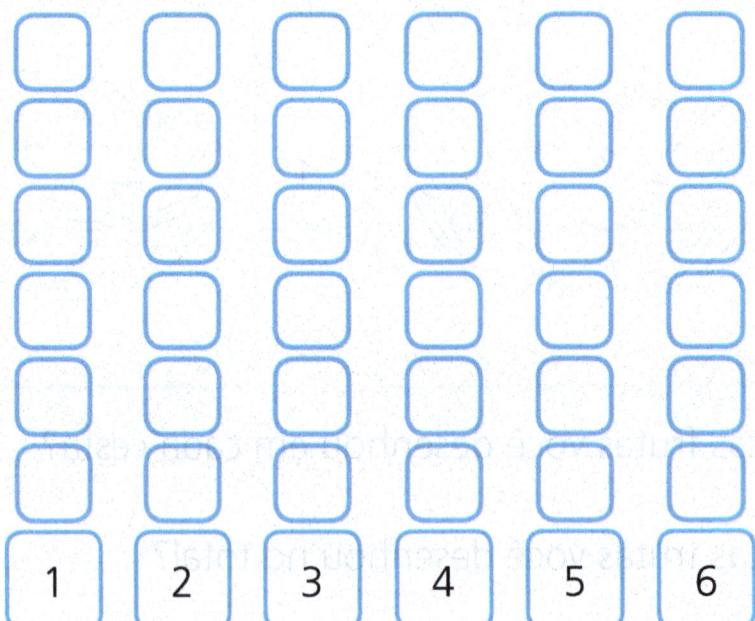

2 Escreva o número 6.

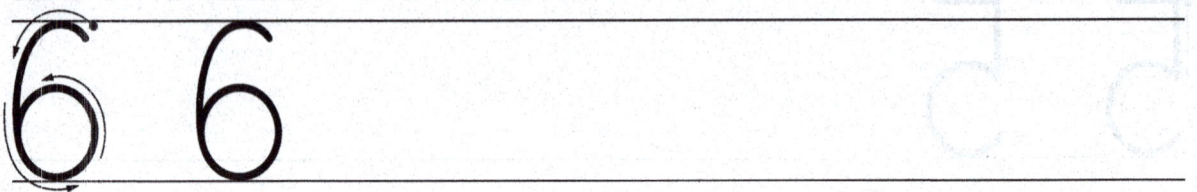

número 7

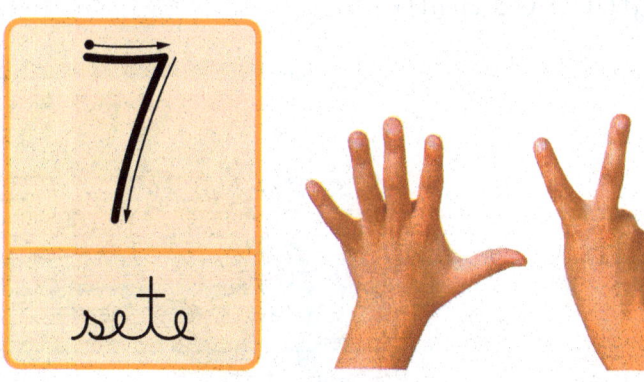

ATIVIDADES

1 Observe os agrupamentos, conte os elementos e faça o que se pede.

Quanto falta para formar 7? Desenhe.

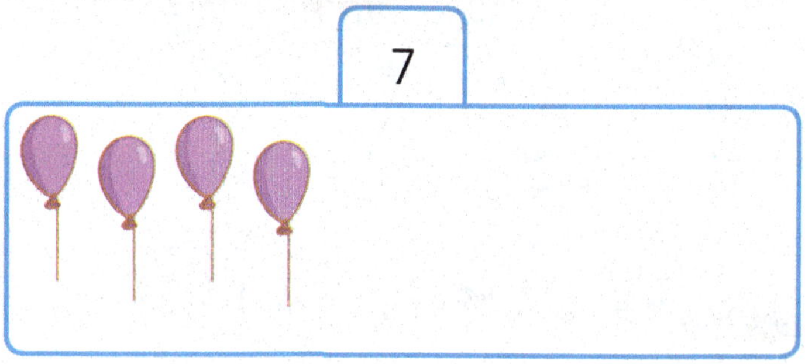

Quantos balões você desenhou?

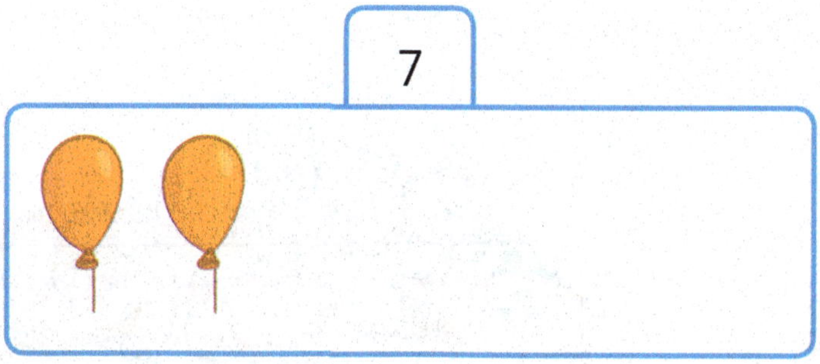

Quantos balões você desenhou?

2 Escreva o número 7.

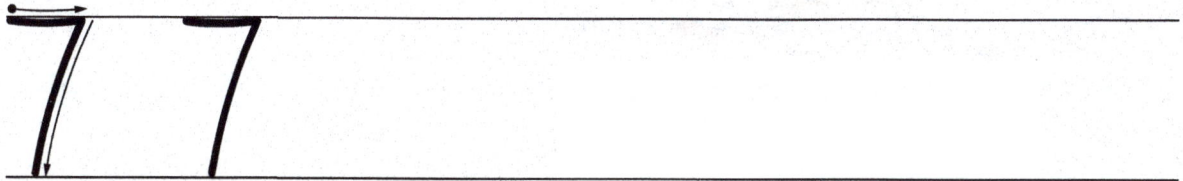

3 Observe cada grupo de animais.

a) Conte quantos animais há em cada grupo e assinale um X para cada um.

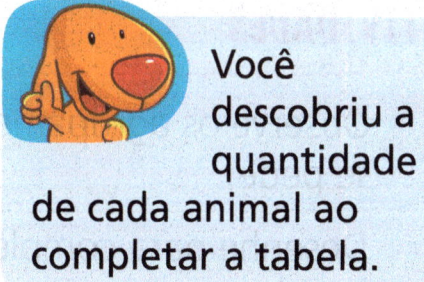

Você descobriu a quantidade de cada animal ao completar a tabela.

b) Responda de acordo com a tabela.

- Há **mais** zebras ou ursos? _____

- Há **menos** leões ou girafas? _____

- Qual animal aparece em **maior** quantidade? Quantos são?
_____

- Qual animal aparece em **menor** quantidade? Quantos são?
_____

número 8

LAURENI FOCHETTO

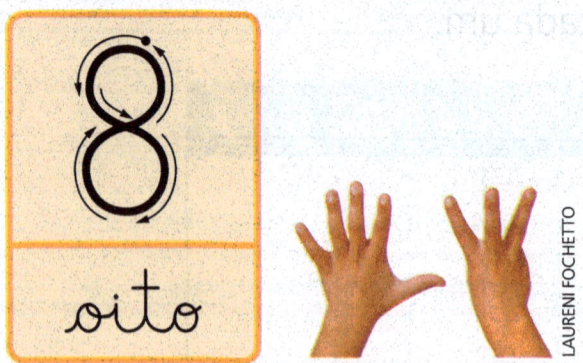

ATIVIDADES

1 Observe os agrupamentos, conte os elementos e faça o que se pede.

Desenhe para completar 8 elementos.

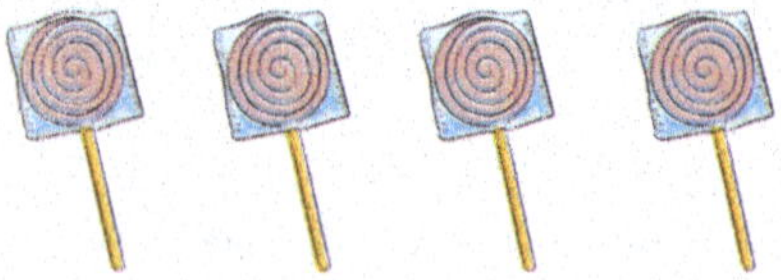

2 Desenhe um ◯ para cada picolé.

IMAGINÁRIO STUDIO

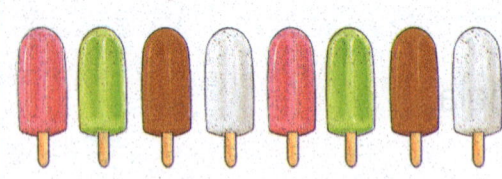

Quantos ◯ você desenhou? ☐

3 Escreva o número 8.

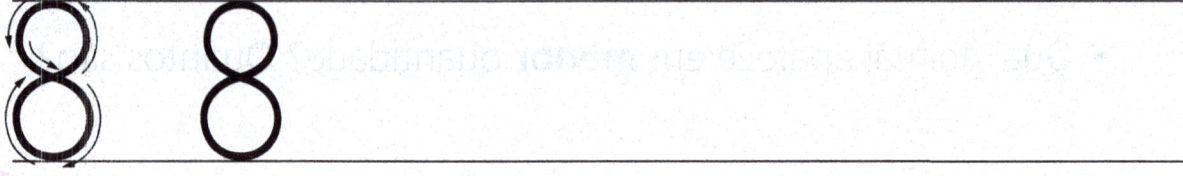

número 9

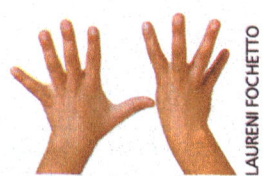

ATIVIDADES

1 Complete os agrupamentos para ficar com 9 elementos.

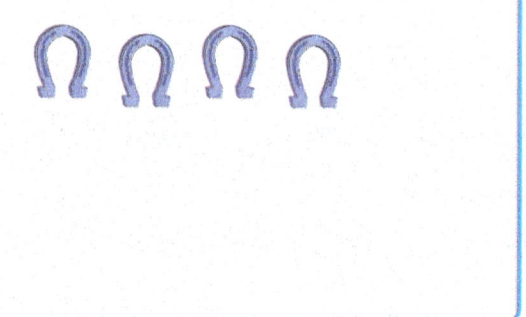

2 Escreva o número 9.

3 Pinte as barrinhas com cores diferentes para formar cada quantidade pedida.

7										
8										
9										
5										

- Compare suas respostas com as de seus colegas.

4 Desenhe maçãs até completar 9.

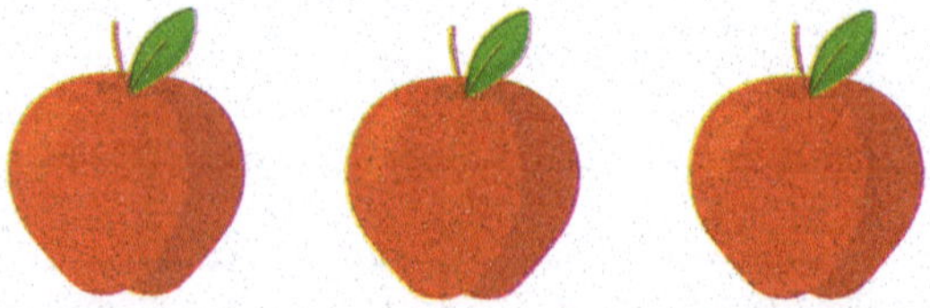

EUNICE/CONEXÃO EDITORIAL

5 Complete com os números de 1 a 9.

| 1 | | | | 5 | | | | 9 |

6 Complete com ◯ para representar as quantidades.

1	
2	◯
3	◯ ◯
4	◯
5	◯ ◯ ◯
6	◯ ◯ ◯
7	◯ ◯ ◯ ◯
8	◯ ◯ ◯ ◯
9	◯ ◯ ◯ ◯

DITADO DE NÚMEROS

Preste atenção aos números que o professor vai ditar. Escreva um número em cada figura.

número 0

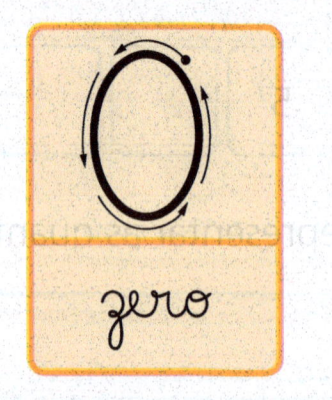

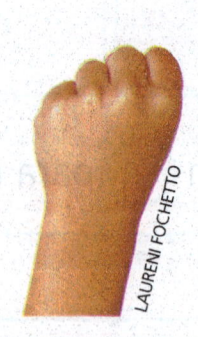

Utilizamos o 0 (zero) para indicar ausência de elementos.

ATIVIDADES

1 Escreva o número 0.

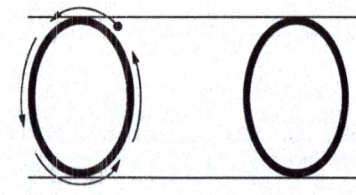

2 Escreva quantos lápis há em cada estojo.

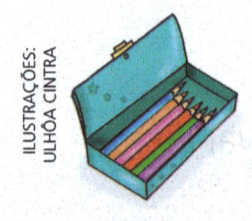

número 10

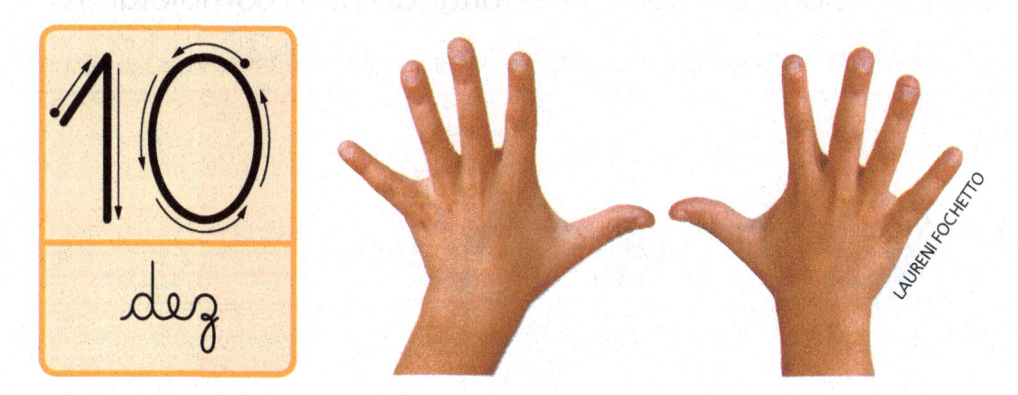

Para escrever o número 10, utilizamos os algarismos 1 e 0.

ATIVIDADES

1 Leia e escreva o número 10.

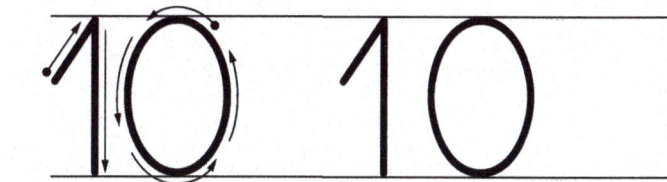

10 10

2 Pinte todos os quadradinhos sem repetir a cor.

- Quantas cores você usou? _____

3 Desenhe os objetos que estão faltando para completar 10.

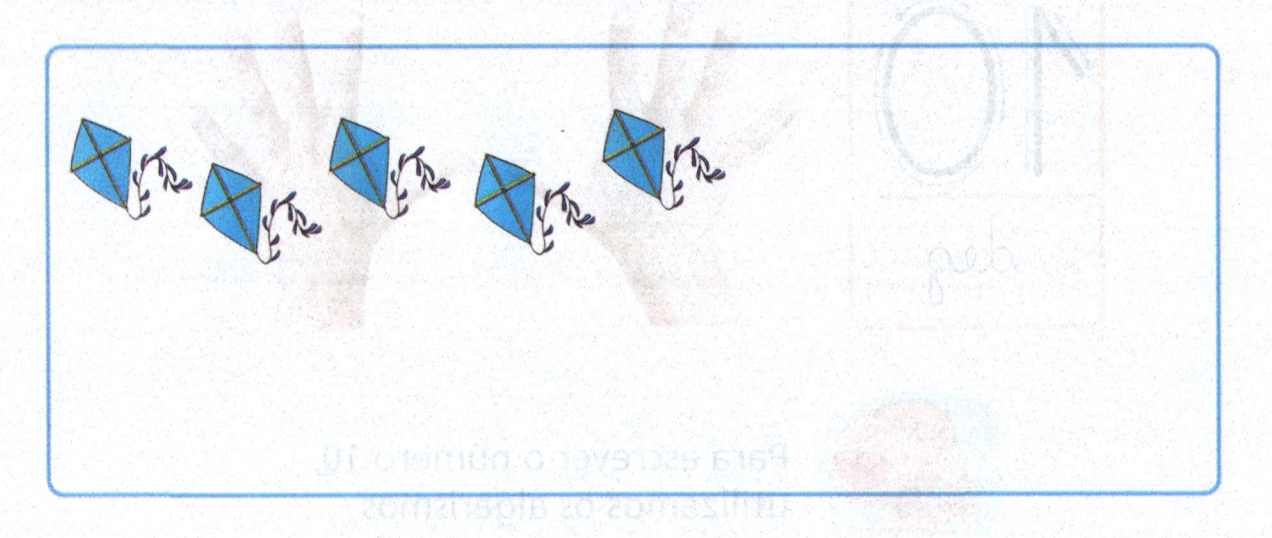

LIÇÃO 5 — ORDENAÇÃO

Ordem crescente e ordem decrescente

As crianças na fila estão organizadas por ordem de tamanho, da mais baixa para a mais alta.

Então, podemos dizer que elas estão em **ordem crescente** de tamanho.

Agora, veja os números organizados em ordem crescente.

1   2   3   4   5   6   7   8   9   10

Observe as crianças em outra ordem.

Elas estão organizadas da mais alta para a mais baixa. Podemos dizer que elas estão em **ordem decrescente** de tamanho.

Agora, veja os números organizados em ordem decrescente.

10   9   8   7   6   5   4   3   2   1

ATIVIDADES

1 Observe os números a seguir e faça o que se pede.

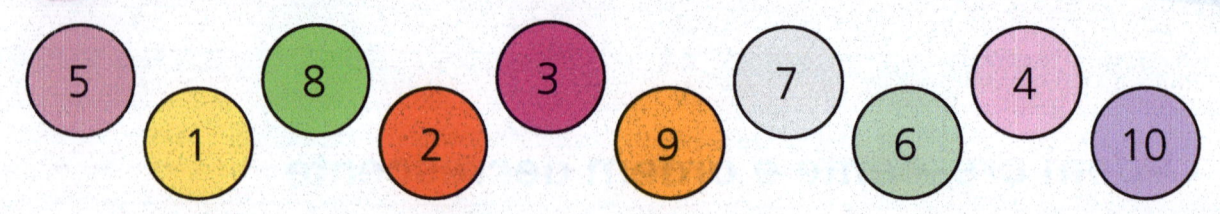

5   8   3   7   4
  1   2   9   6   10

a) Escreva do menor para o maior.

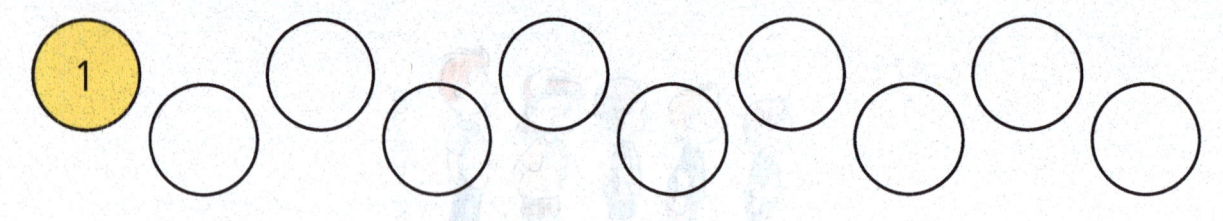

1   ◯   ◯   ◯   ◯   ◯   ◯   ◯   ◯   ◯

Esses números estão em ordem _____

b) Escreva do maior para o menor.

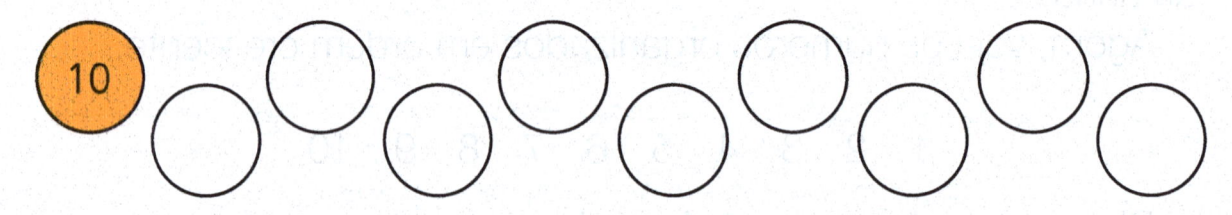

10   ◯   ◯   ◯   ◯   ◯   ◯   ◯   ◯   ◯

Esses números estão em ordem _____

2 Complete cada fila de números conforme a ordem indicada.

| 1 | | | | 6 | | 7 | | | 3 | |

| 3 | | | | 8 | | 9 | | | 6 | |

| 4 | | | | 9 | | 6 | 5 | | | |

42

3 Cante com os colegas:

> UM, DOIS, TRÊS INDIOZINHOS
> QUATRO, CINCO, SEIS INDIOZINHOS
> SETE, OITO, NOVE INDIOZINHOS
> DEZ NUM PEQUENO BOTE.
>
> DOMÍNIO PÚBLICO. CANTIGA POPULAR.
> DOMÍNIO POPULAR.

a) Escreva os números na ordem em que aparecem na canção.

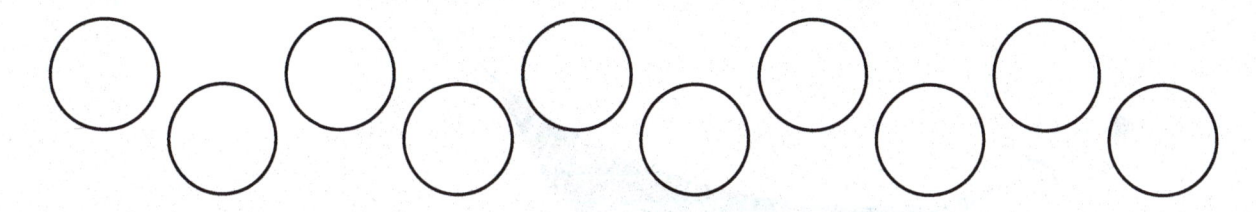

○ ○ ○ ○ ○ ○ ○ ○ ○ ○

b) Os números da canção estão em ordem:

☐ descrescente.   ☐ crescente.

4 Circule o número **maior** em cada quadro.

5	7	3	6	8	7
4	4	1	3	9	5
2	3	0	4	5	8

5 Circule o número **menor** em cada quadro.

3	9	5	4	7	1
5	6	2	7	6	3
1	4	8	3	5	9

6 Ligue os números em ordem crescente, seguindo os pontinhos. Depois, pinte o desenho.

44

EU GOSTO DE APRENDER MAIS

Observe as crianças brincando de amarelinha.

a) Você já brincou de amarelinha?

☐ Sim   ☐ Não

b) Você conhece as regras dessa brincadeira?

☐ Sim   ☐ Não

c) Quais números aparecem na amarelinha em que as crianças estão brincando?

_____

d) Qual é o número em que a menina está pisando?

_____

e) Em qual número ela não vai pisar? Por quê?

_____

45

LIÇÃO 6

ADIÇÃO COM TOTAL ATÉ 9

Mauricio de Sousa. *Almanaque Historinha de uma página*, n. 2, mar. 2008. p. 58.

Observe a tirinha e conte a história para um colega.

ATIVIDADES

1 Observe e complete.

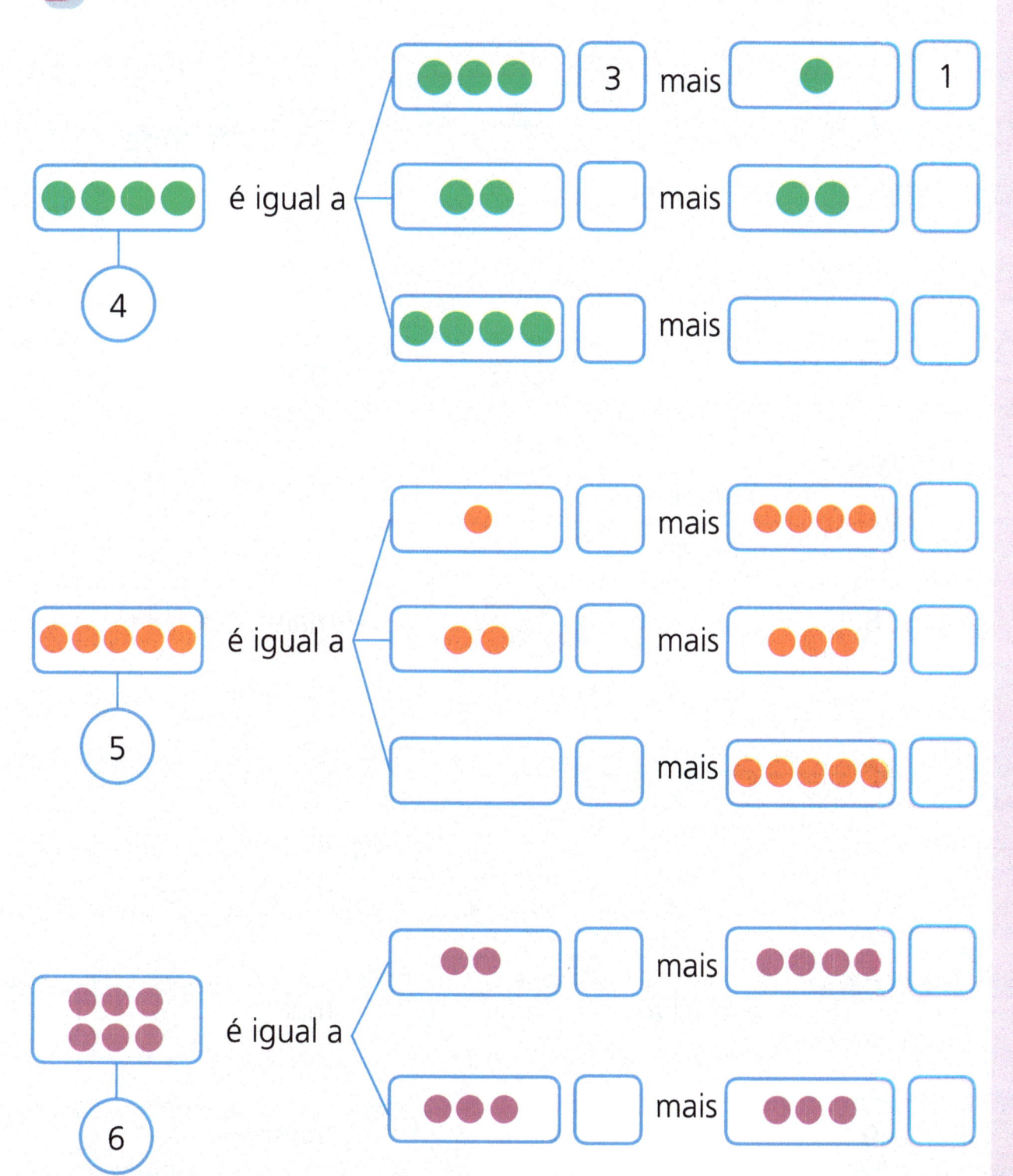

7 é igual a:
- 3 mais 4
- 2 mais 5
- 1 mais 6

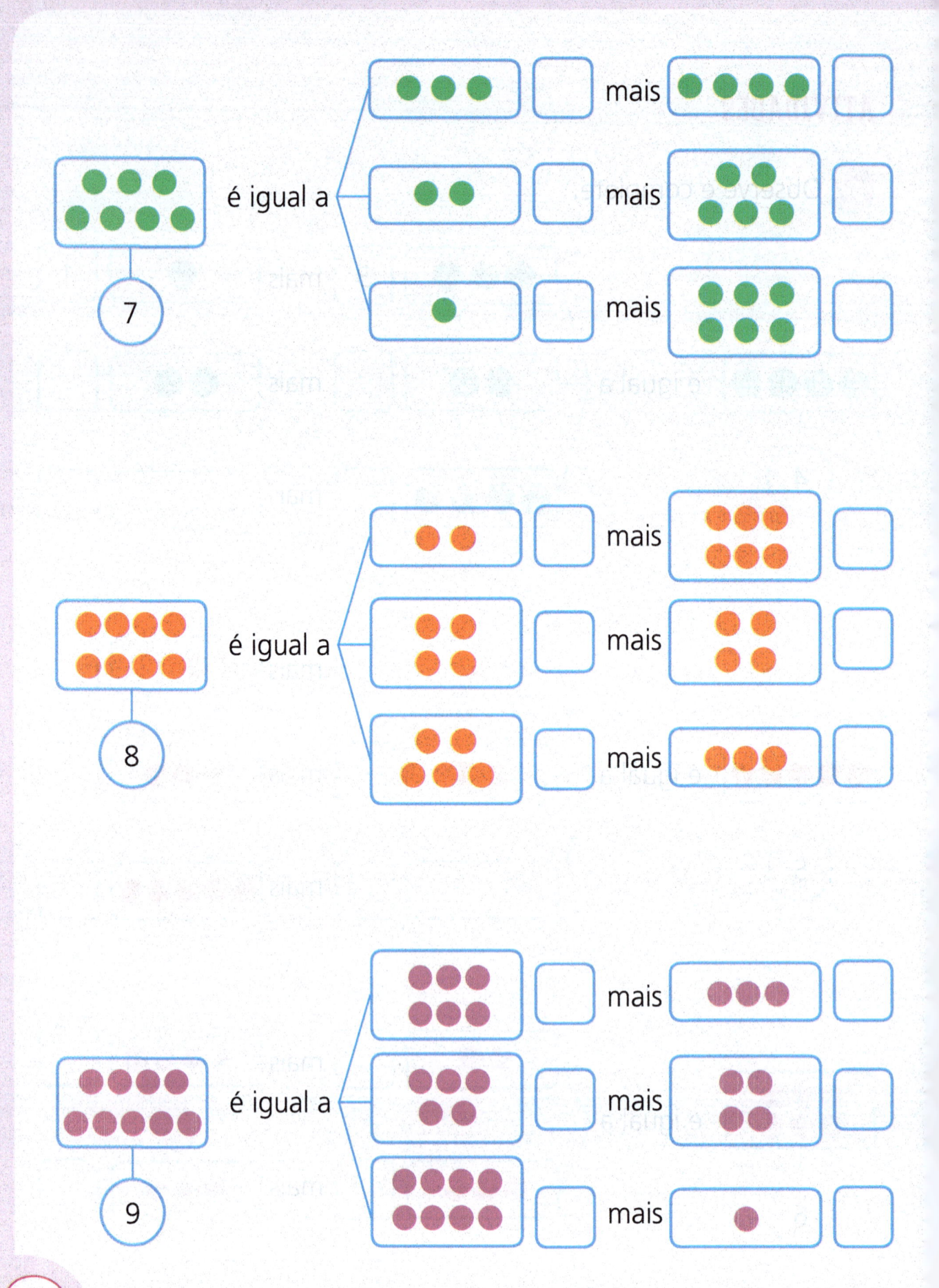

8 é igual a:
- 2 mais 6
- 4 mais 4
- 5 mais 3

9 é igual a:
- 6 mais 3
- 5 mais 4
- 8 mais 1

2 Observe, faça a contagem dos cachorros e complete.

Eram...

Eram _____ cachorros.

Chegaram...

Chegaram _____ cachorros.

Agora, são...

Agora, são _____ cachorros.

• Complete:

4 + _____ = 6   ou   4
                     + ___
                        6

+ (mais)
Esse é o sinal da operação adição.

3 Observe os desenhos, faça a contagem e complete as adições.

a) 5 + 3 = ___

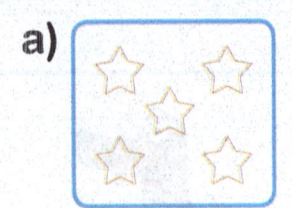

b) ___ + ___ = ___

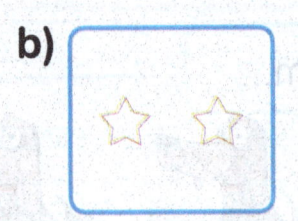

c) ___ + ___ = ___

d) ___ + ___ = ___

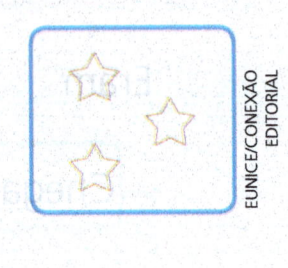

4 Conte e desenhe bolinhas para que o total seja 5.

a) 3 + ___ = 5

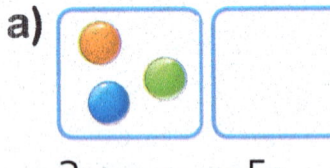

b) 4 + ___ = 5

c) 2 + ___ = 5

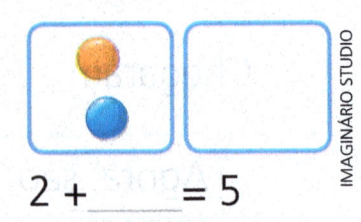

5 Observe os desenhos e escreva as adições que eles representam.

a) ___ + ___ = ___

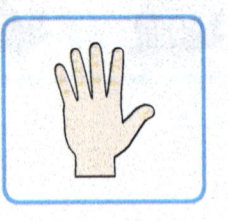

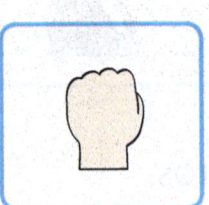

b) ___ + ___ = ___

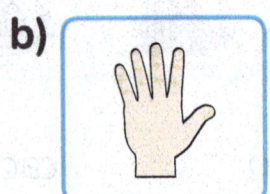

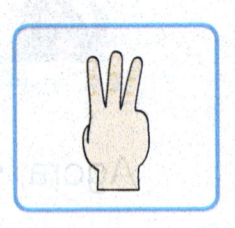

c) ___ + ___ = ___

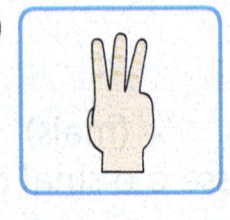

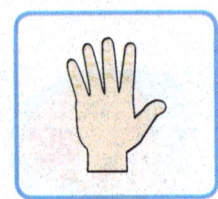

d) ___ + ___ = ___

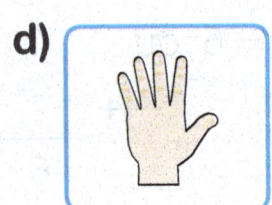

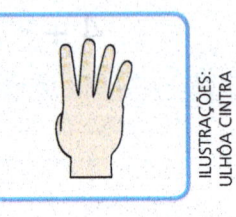

6 Resolva as adições e pinte os resultados de acordo com a legenda.

🟧 Adições com total **igual** a 6.

🟨 Adições com total **menor** do que 6.

🟦 Adições com total **maior** do que 6.

4	7	3	4	8
+ 1	+ 2	+ 3	+ 4	+ 1
☐	☐	☐	☐	☐

2	5	5	3	3
+ 4	+ 2	+ 1	+ 2	+ 1
☐	☐	☐	☐	☐

7 Complete o quadro.

+	1	2	3	4	5
1	2				
2					
3					
4					
5					10

PROBLEMAS

1 Bruna tem /////// . Rafael tem /// a mais do que Bruna. Registre a quantidade de lápis que Rafael tem.

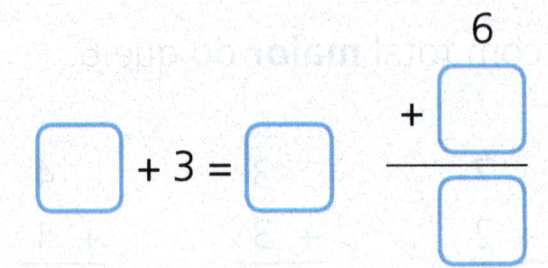

☐ + 3 = ☐   6
            + ☐
            ───
              ☐

Resposta: Rafael tem _____ lápis.

2 Felipe ganhou 🪁🪁🪁🪁.

Seu pai lhe deu mais 🪁🪁.

Com quantas pipas Felipe ficou?

☐ + ☐ = ☐

Resposta: Felipe ficou com _____ pipas.

3 Uma costureira usou 🟡🟡🟡🟡 em uma blusa e 🟢🟢🟢🟢🟢 em outra.

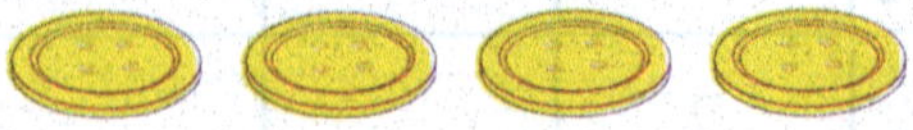

☐ + ☐ = ☐

Quantos botões, ao todo, ela usou?

Resposta: A costureira usou _____ botões.

4 Léo tem 🚗🚗🚗🚗. No seu aniversário, tio Manuel deu-lhe mais 🚙🚙🚙.

Com quantos carrinhos Léo ficou?

☐ + ☐ = ☐

Resposta: Léo ficou com ____ carrinhos.

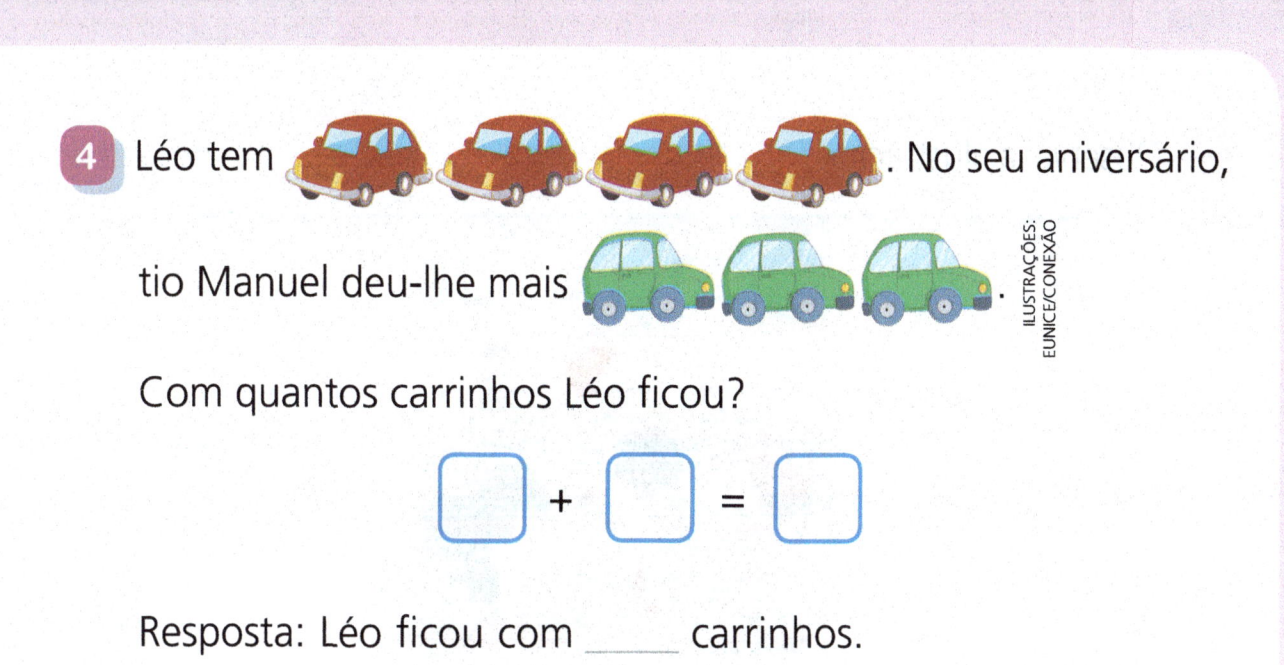

5 Mateus tinha 🌀🌀🌀🌀.

Ganhou mais 🔶🔶🔶🔶.

Com quantos piões Mateus ficou?

☐ + ☐ = ☐

Resposta: Mateus ficou com ____ piões.

6 Lúcio possui 👕👕👕👕👕.

Ele comprou mais 👕👕.

Com quantas camisetas Lúcio ficou?

☐ + ☐ = ☐

Resposta: Lúcio ficou com ____ camisetas.

7 Observe a ilustração.

PLACAR
🛑 3   🛡 2

a) Quantos meninos estão de camisa lisa? _____

b) Quantos meninos estão de camisa listrada? _____

c) Quantos meninos, ao todo, estão jogando? _____

d) Se chegassem mais 2 meninos para jogar, quantos seriam?
_____

e) O placar indica quantos gols do time de camisa lisa?
_____

f) E indica quantos do time de camisa listrada? _____

g) Pinte o número de bolas que corresponde ao número total de gols.

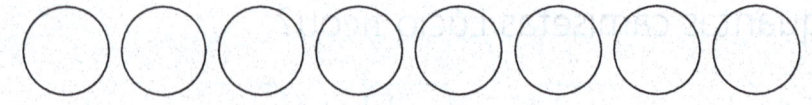

○ ○ ○ ○ ○ ○ ○

h) Qual dos times está ganhando?
_____

EU GOSTO DE APRENDER MAIS

Observe as crianças na festa de aniversário de Gustavo e responda.

a) Quantos meninos estão na festa? _____

b) Quantas meninas estão na festa? _____

c) Quantas crianças há ao todo? _____

d) Há mais meninos ou meninas? _____

e) Quantos(as) a mais? _____

Resolva: 4 + 3 = _____

Fatos básicos da adição

Observe duas situações parecidas e depois complete.

Situação 1

OLHA! ESTÃO CHEGANDO 2 PÁSSAROS.

Na árvore havia ____ pássaros e chegaram mais ____ pássaros.
No total, ficaram ____ pássaros na árvore.
Podemos representar a adição assim:
3 + ____ = ____

Situação 2

OLHA! ESTÃO CHEGANDO 3 PÁSSAROS.

Na árvore havia ____ pássaros e chegaram mais ____ pássaros.
No total, ficaram ____ pássaros na árvore.
Podemos representar a adição assim:
2 + ____ = ____

Ou seja:
3 + 2 = 2 + 3 = 5

Você observou que a ordem dos números na escrita da adição não alterou o resultado?

ATIVIDADES

1 Pedro e Henrique são amigos. São eles que devem guardar os próprios brinquedos.

Conte e responda.

a) Quantos carrinhos há dentro da caixa? _____

b) Quantos carrinhos há fora da caixa? _____

No total, eles têm:

3 + _____ = 4, ou seja, 4 carrinhos.

c) Quantos cubos há dentro da caixa? _____

d) Quantos cubos há fora da caixa? _____

No total, eles têm:

1 + _____ = _____, ou seja, _____ cubos.

2 Conte os elementos e faça o que se pede.

a) Desenhe bolas azuis para completar 7.

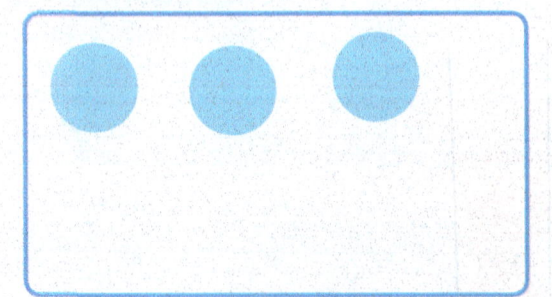

b) Desenhe bolas vermelhas para completar 7.

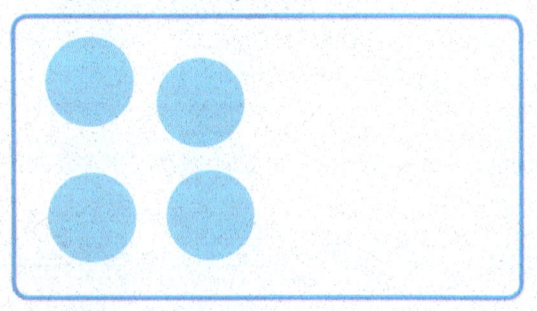

c) Desenhe triângulos azuis para completar 6.

d) Desenhe triângulos vermelhos para completar 6.

3 Observe e complete.

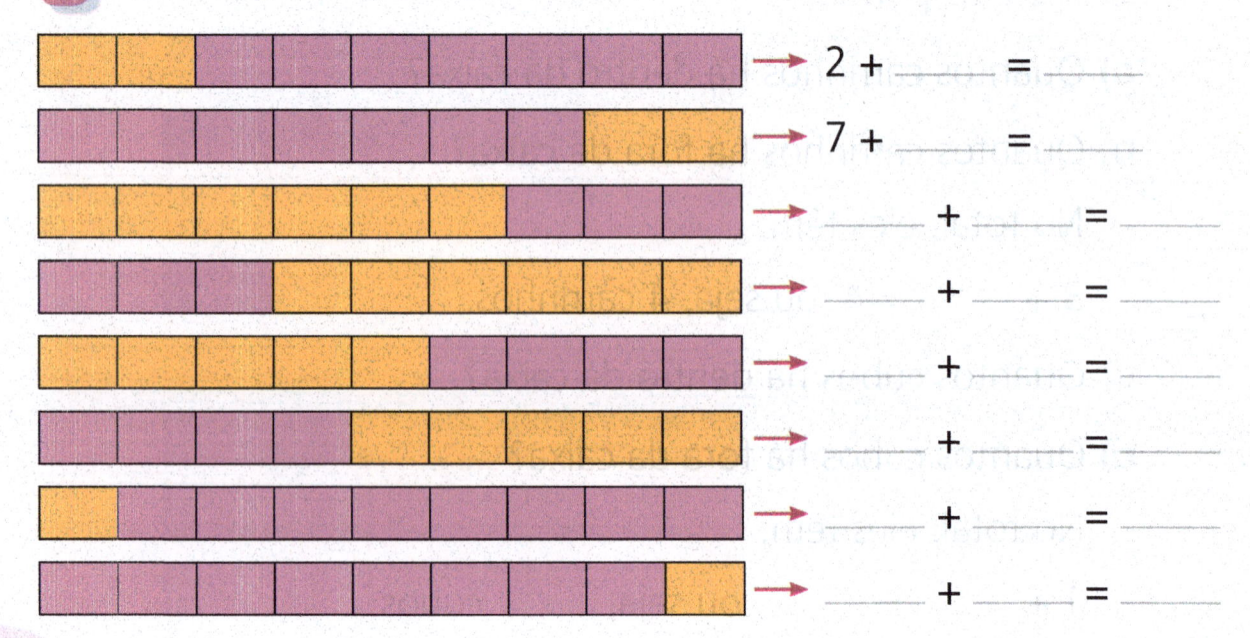

→ 2 + _____ = _____

→ 7 + _____ = _____

→ _____ + _____ = _____

→ _____ + _____ = _____

→ _____ + _____ = _____

→ _____ + _____ = _____

→ _____ + _____ = _____

→ _____ + _____ = _____

LIÇÃO 7 — NÚMEROS ORDINAIS

Observe os números que aparecem na cena. Você sabe o que eles indicam?

Esses números indicam ordem. São os **números ordinais**. Veja a escrita dos números ordinais até o 10º.

1º PRIMEIRO	6º SEXTO
2º SEGUNDO	7º SÉTIMO
3º TERCEIRO	8º OITAVO
4º QUARTO	9º NONO
5º QUINTO	10º DÉCIMO

- Em que situações utilizamos os números ordinais? Converse com o professor e os colegas.

ATIVIDADES

1 Escreva os números ordinais que indicam a posição de cada vagão do trem.

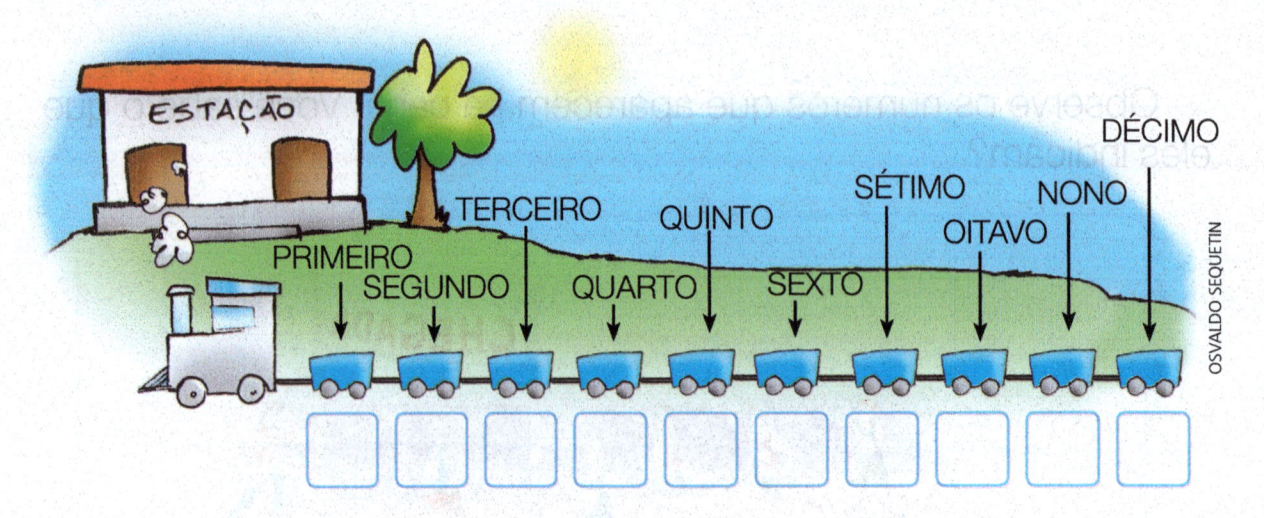

2 Contorne o desenho que corresponde à posição indicada em cada quadro, contando da esquerda para a direita.

a) TERCEIRO

b) QUINTO

c) SEGUNDO

d) SEXTO

e) NONO

3 Escreva a posição de cada menino na corrida.

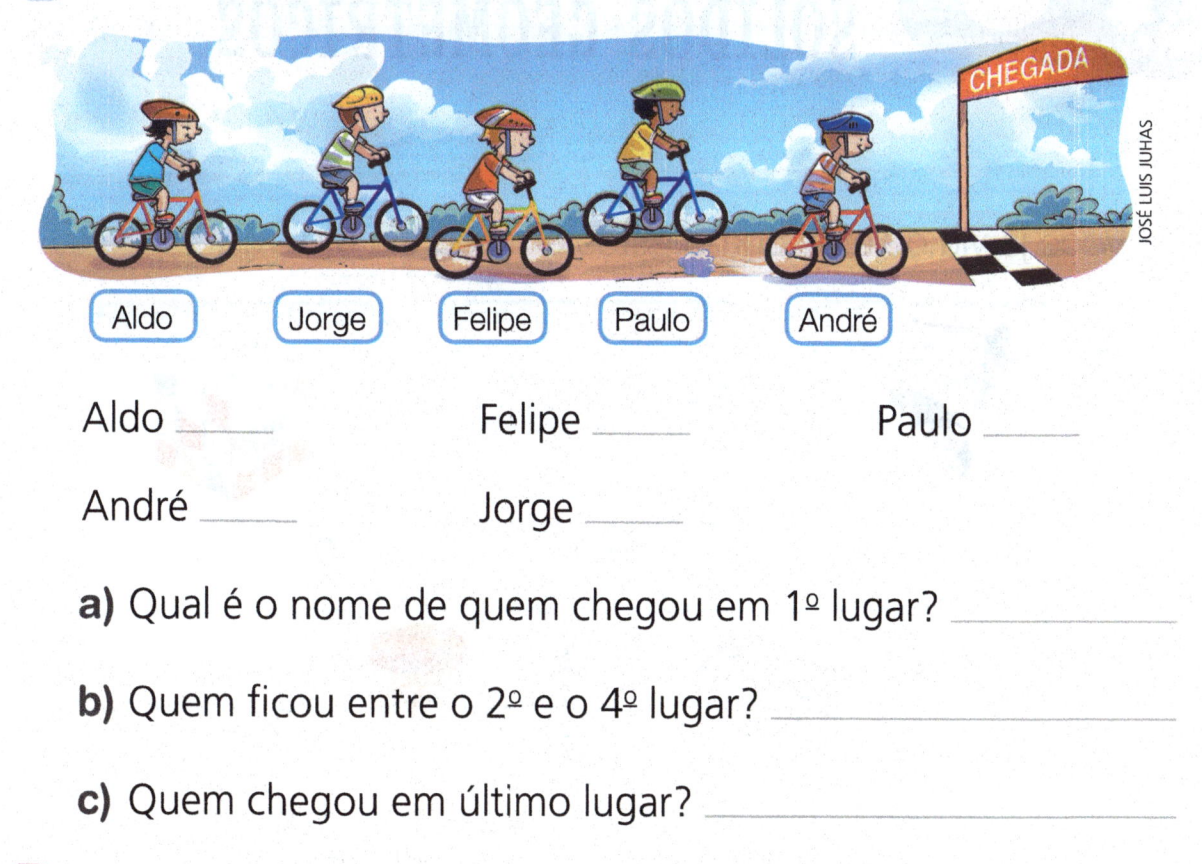

Aldo   Jorge   Felipe   Paulo   André

Aldo _____   Felipe _____   Paulo _____

André _____   Jorge _____

a) Qual é o nome de quem chegou em 1º lugar? _____

b) Quem ficou entre o 2º e o 4º lugar? _____

c) Quem chegou em último lugar? _____

4 Observe a ordem de cada objeto. Depois, ligue corretamente.

| 1º | 2º | 3º | 4º | 5º | 6º | 7º | 8º | 9º | 10º |

bola   10º   livro   5º

balão   3º   chapéu   7º

avião   2º   picolé   8º

LIÇÃO 8

SÓLIDOS GEOMÉTRICOS

Você já viu objetos como estes em seu dia a dia?

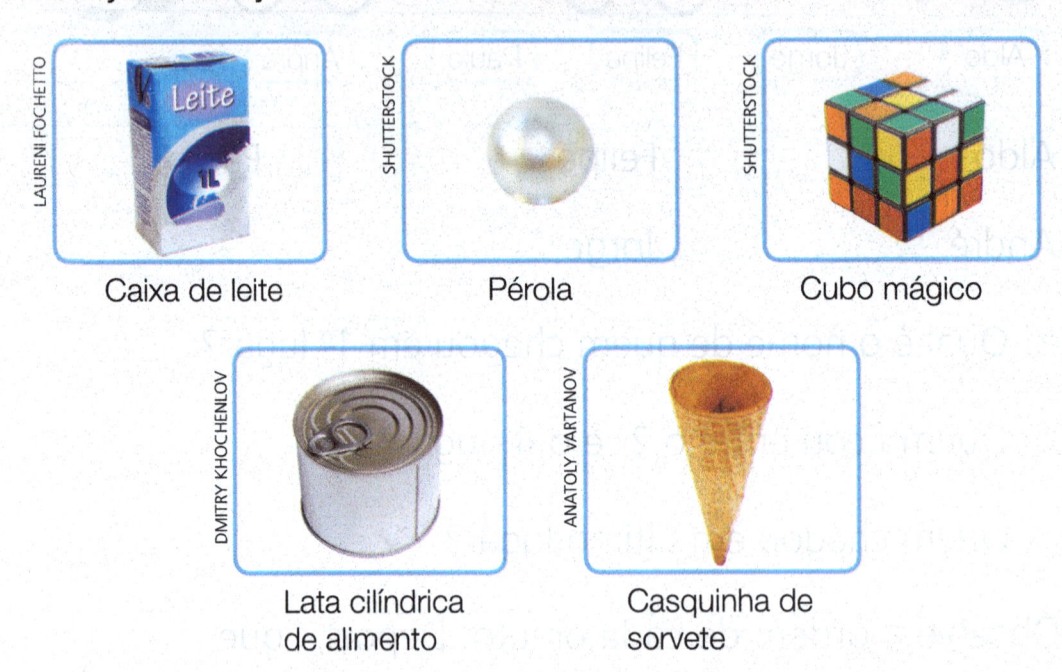

Caixa de leite

Pérola

Cubo mágico

Lata cilíndrica de alimento

Casquinha de sorvete

Esses objetos lembram o que, em Matemática, chamamos **sólidos geométricos**. Veja os nomes de alguns sólidos geométricos.

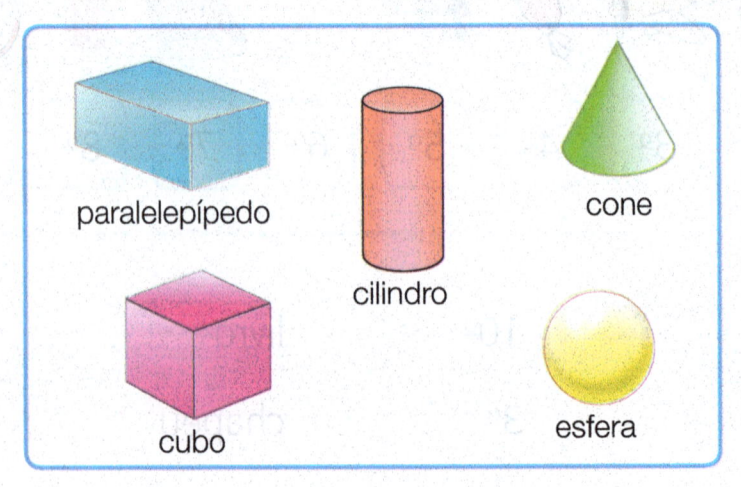

paralelepípedo

cilindro

cone

cubo

esfera

- Que outros objetos têm essas formas?

62

ATIVIDADES

1 Pinte as figuras que lembram a forma de um ▣.

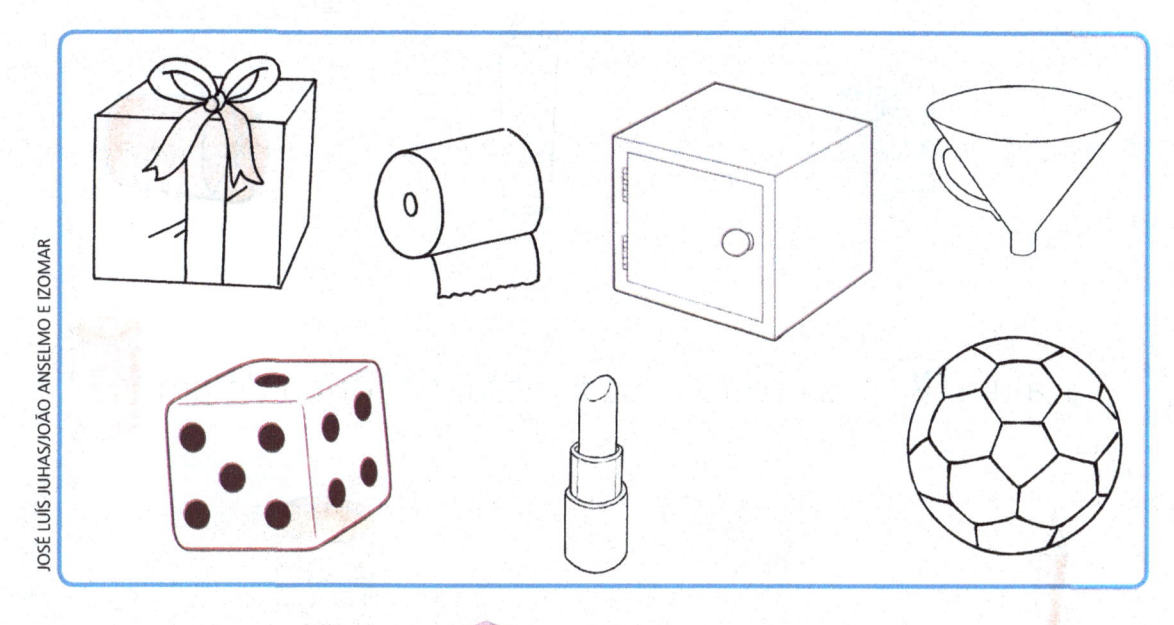

- O nome da figura ▣ é: _____

2 Observe as figuras.

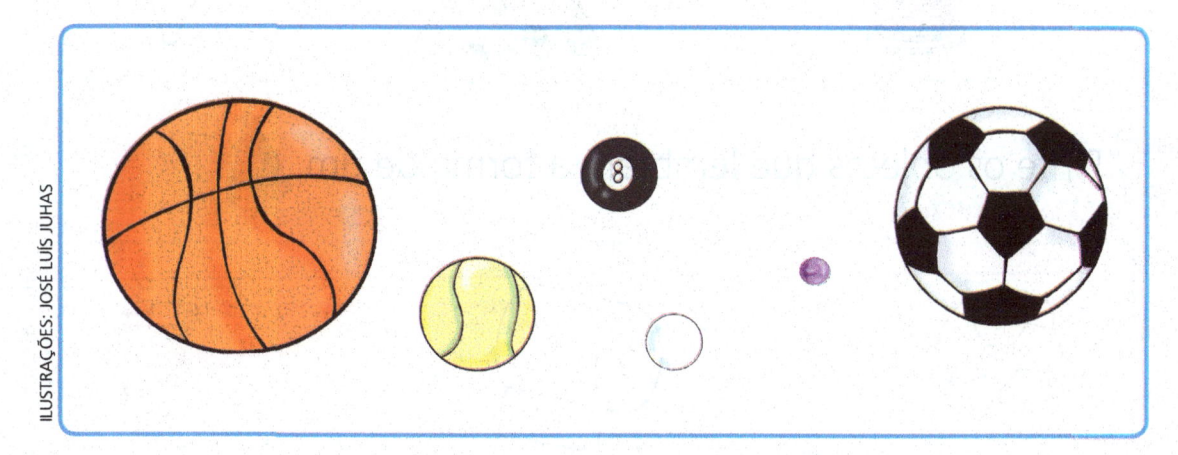

- Elas lembram a forma de qual sólido geométrico? Escreva o nome dele.

_____

3 Circule as caixas que lembram a forma de um ▱ .

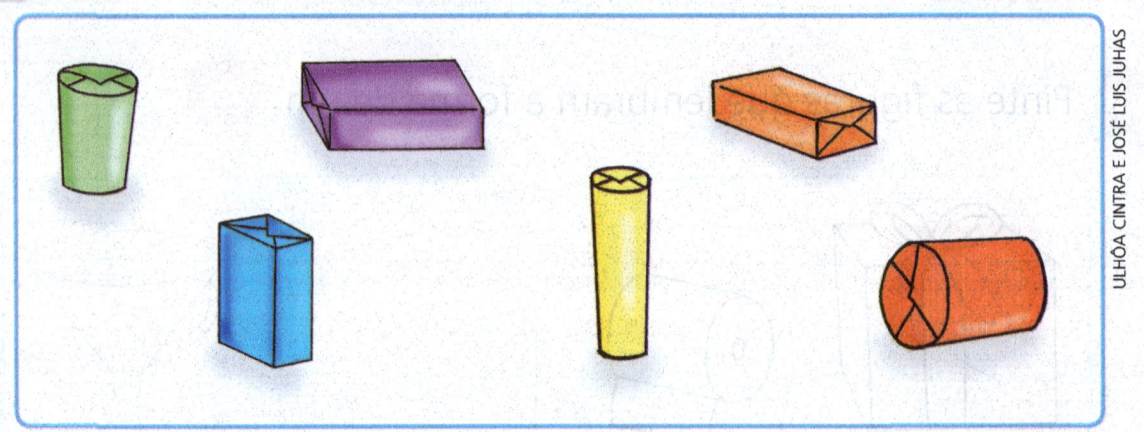

4 Faça um [X] nos objetos que lembram a forma de um ▮ .

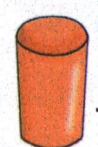

5 Pinte os objetos que lembram a forma de um ▲ .

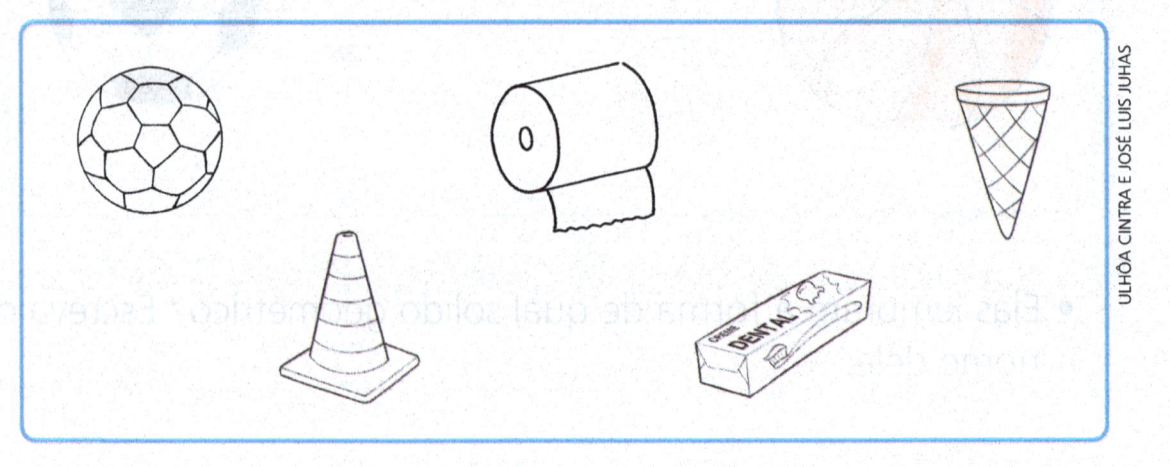

6 Pinte a figura conforme a legenda.

7 Recorte e cole fotos de objetos que lembrem a forma de um dos sólidos geométricos que você conheceu.

PARA SE DIVERTIR

Dominó

Esse jogo de dominó é formado por 25 peças.

Recorte as peças das páginas 223 a 227 do **Almanaque** para jogar.

Número de jogadores: de 2 a 4.

Como jogar:

Vire todas as peças com a imagem para baixo e embaralhe-as.

Cada jogador recebe 6 peças, e o restante das peças fica de lado.

O primeiro a jogar, escolhido por sorteio, coloca uma peça no centro da mesa com a imagem para cima. Cada jogador, na sua vez, coloca uma peça correspondente a uma das imagens da peça que está na mesa. Só poderão ser associadas as imagens com formas semelhantes.

Se o jogador não tiver uma peça com imagem que possa ser associada às imagens das peças da mesa, deverá pegar as peças deixadas de lado ou passar a vez.

Vence o jogo quem colocar todas as peças na mesa primeiro.

Divirta-se!

LIÇÃO 9

DEZENA

Observe:

▭▭▭▭▭▭▭▭▭ 9 unidades   ▭ 1 unidade

9 unidades mais 1 unidade é igual a 10 unidades

▭▭▭▭▭▭▭▭▭▭

10 unidades é igual a **1 dezena**.

Agora, veja as representações:

▭▭▭▭▭▭▭▭▭▭

1 grupo de 10 unidades

Juntando um grupo de 10, formamos 1 dezena:

▬

1 dezena

DEZENA	UNIDADE
1	0

10 unidades é igual a **1 dezena.**

ATIVIDADES

1 Descubra quantos elementos faltam para completar 10. Desenhe e escreva o número correspondente.

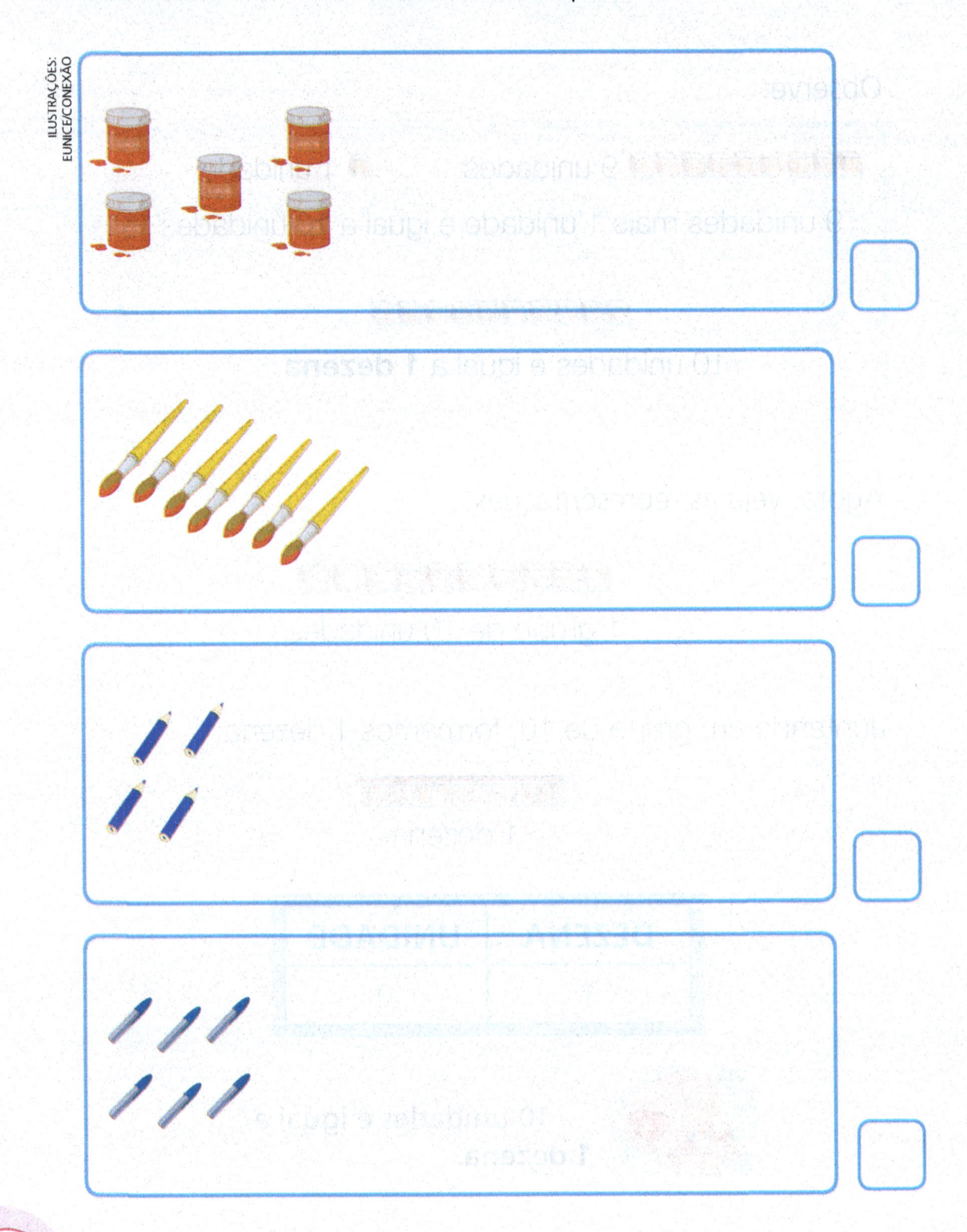

ILUSTRAÇÕES: EUNICE/CONEXÃO

Meia dezena

Observe esta turma do 1º ano.

a) Qual é o total de alunos dessa turma? _____

b) Há quantas dezenas de alunos? _____

c) Agora, veja este outro grupo.

- Qual é o total de alunos desse grupo?

_____

> 5 é a metade de uma dezena,
> ou **meia dezena**.
> Meia dezena são 5 unidades.

ATIVIDADES

1 Marque com um [X] os agrupamentos que têm uma dezena.

- Agora, divida na metade a quantidade de elementos dos agrupamentos que têm uma dezena.

Quanto é meia dezena? _____

Contorne o grupo que representa meia dezena.

2 Desenhe elementos de acordo com a quantidade indicada nas etiquetas.

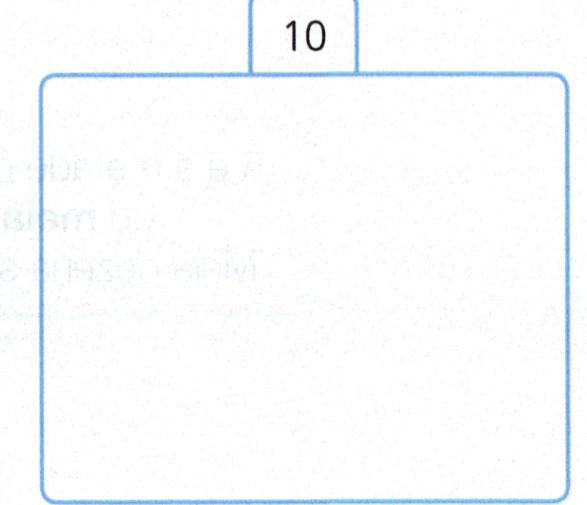

| 5 | 10 |

3 Some 10 observando as cores das bolinhas.

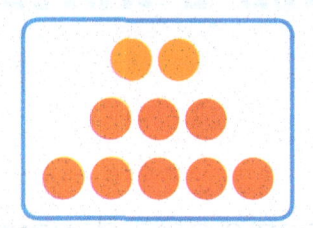

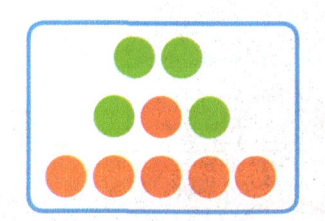

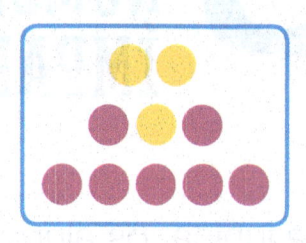

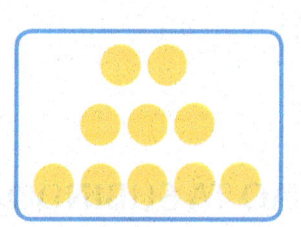

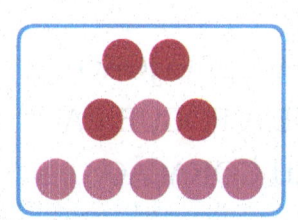

2 + ☐ = ☐   3 + ☐ = ☐

4 + ☐ = ☐   10 + ☐ = ☐

☐ + 3 = ☐   6 + ☐ = 10

4 Circule as expressões que têm soma igual a 10.

3 + 6   7 + 6   6 + 4

9 + 1   5 + 3   8 + 1

2 + 8   7 + 3   5 + 5

LIÇÃO 10

NÚMEROS PARES E NÚMEROS ÍMPARES

Na festa junina, os alunos formaram pares para dançar a quadrilha.

Vamos cantar!

O BALÃO TÁ SUBINDO

O BALÃO TÁ SUBINDO
TÁ CAINDO A GAROA
O CÉU ESTÁ LINDO
E A NOITE É TÃO BOA.

SÃO JOÃO, SÃO JOÃO
ACENDE A FOGUEIRA
DO MEU CORAÇÃO.

DOMÍNIO POPULAR

- Quantos pares estão dançando a quadrilha?
- Você gosta de dançar quadrilha? Por quê? Converse com os colegas.

Os elementos a seguir estão organizados em pares.

Meias   Brincos   Alianças   Luvas

ATIVIDADES

1 Circule as figuras formando grupos de dois. Depois, responda.

a)
- Quantos chinelos há? _____
- Há quantos grupos de 2? _____
- Há quantos pares? _____
- Sobrou algum chinelo? ☐ Sim ☐ Não

b)
- Quantas meias há? _____
- Há quantos grupos de 2? _____
- Há quantos pares? _____
- Sobrou alguma meia? ☐ Sim ☐ Não

c)
- Quantos ramalhetes de flores há? _____
- Há quantos grupos de 2? _____
- Há quantos pares? _____
- Sobrou algum ramalhete? ☐ Sim ☐ Não

d)
- Quantos peixes há? _____
- Há quantos grupos de 2? _____
- Há quantos pares? _____
- Sobrou algum peixe? ☐ Sim ☐ Não

> Você formou grupos de 2 e não sobrou nenhum elemento.
> Então, 2, 4, 6 e 8 são **números pares**.

2 Circule os pares conforme a legenda.

3 PARES DE CARRINHOS

4 PARES DE PIPAS

3 Circule as figuras formando grupos de 2. Depois, responda às questões.

a)
- Quantos lápis há? _____
- Quantos pares foram formados? _____
- Há quantos grupos de 2? _____
- Sobrou algum lápis? ☐ Sim ☐ Não

b)
- Quantos apontadores há? _____
- Há quantos grupos de 2? _____
- Quantos pares foram formados? _____
- Sobrou algum apontador? ☐ Sim ☐ Não

c)
- Quantos clipes há? _____
- Há quantos grupos de 2? _____
- Quantos pares foram formados? _____
- Sobrou algum clipe? ☐ Sim ☐ Não

d)
- Quantas borrachas há? _____
- Há quantos grupos de 2? _____
- Quantos pares foram formados? _____
- Sobrou alguma borracha? ☐ Sim ☐ Não

Nas figuras que você agrupou, sobrou 1 elemento.
Então, 3, 5, 7 e 9 são **números ímpares**.

4 Observe e responda.

a) No total há _____ copos.

b) Quantos pares? _____

c) Sobrou algum copo? ☐ Sim ☐ Não

d) Quantos copos sobraram? _____

e) O número 9 é: ☐ Par. ☐ Ímpar.

5 Observe as figuras e responda.

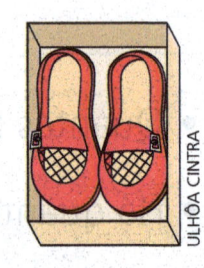

a) Quantos sapatos há em cada caixa? ☐

b) Quantas caixas há? ☐

c) Quantos pares de sapatos? ☐

d) Quantos sapatos há no total? ☐

e) Esse número é par ou ímpar? _____

Por quê? _____

Álgebra: sequências

1 Complete os números nos vagões do trem.

[ ] [ ] 2 [ ] 4 [ ] 6 [ ] 8 [ ] [ ]

a) Nesse trem há _____ vagões.

b) Os números que você escreveu são números pares ou ímpares?

☐ Pares ☐ Ímpares

c) Essa sequência está em ordem:

☐ crescente ☐ decrescente

2 Camila vai pular as lajotas numeradas.

Complete as lajotas com os números que estão faltando.

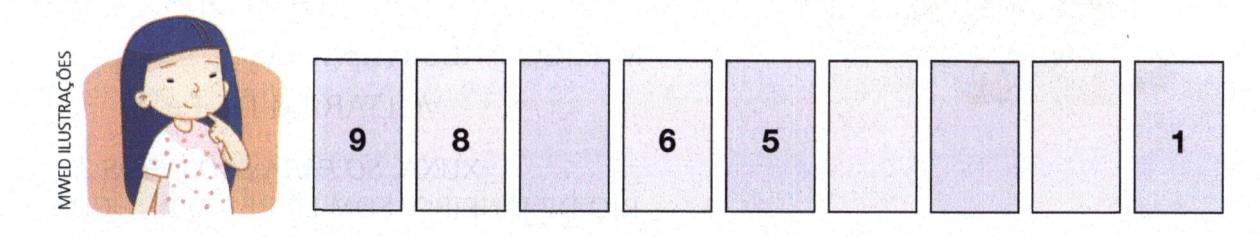

| 9 | 8 | | 6 | 5 | | | | 1 |

a) Nessa sequência os números ímpares são: _____

b) Nessa sequência os números pares são: _____

c) Essa sequência está em ordem:

☐ crescente ☐ decrescente

d) Escreva a sequência dos números de 7 a 1 na ordem decrescente. _____

LIÇÃO 11 — SUBTRAÇÃO

CINCO PATINHOS FORAM PASSEAR
ALÉM DAS MONTANHAS
PARA BRINCAR.
A MAMÃE GRITOU: QUÁ, QUÁ, QUÁ, QUÁ,
MAS SÓ QUATRO PATINHOS
VOLTARAM DE LÁ.

QUATRO PATINHOS FORAM PASSEAR
ALÉM DAS MONTANHAS PARA BRINCAR.
A MAMÃE GRITOU: QUÁ, QUÁ, QUÁ, QUÁ,
MAS SÓ TRÊS PATINHOS
VOLTARAM DE LÁ.

XUXA. *SÓ PARA BAIXINHOS 2*.
RIO DE JANEIRO: SOM LIVRE, 2001. 1 CD

- Conte o número de patinhos da primeira cena.

- Conte o número de patinhos da segunda cena.

- O que aconteceu com a quantidade de patinhos?

Observe os patinhos.
Eram 5 patinhos. Fugiu 1 patinho.

Eram...

Fugiu...

Ficaram...

Cinco menos 1 é igual a 4.
5 − 1 = 4

$$\begin{array}{r} 5 \\ -\ 1 \\ \hline 4 \end{array}$$

Ficaram 4 patinhos.

ATIVIDADES

1 Observe e faça o que se pede.
Paula tinha 4 picolés. Deu 2 picolés a Sabrina.
Risque os picolés que Paula deu.

Desenhe os picolés que Paula tem agora.

Registre com números: _____ − _____ = _____

2 No estacionamento havia 3 motocicletas.
Saiu 1 motocicleta.
Risque 1 motocicleta. Quantas motocicletas ficaram?

Registre com números: _____ _____ _____

3 Represente as situações com desenhos.

a) Eram 4 ratinhos, mas 1 ratinho foi embora.

- Quantos ficaram? _____
- Registre com números: 4 – _____ = _____

b) Eram 9 flores, mas 4 flores murcharam.

- Quantas flores não murcharam? _____
- Registre com números: 9 – _____ = _____

c) Eram 5 borboletas, mas 2 borboletas voaram.

- Quantas borboletas não voaram? _____
- Registre com números: 5 – _____ = _____

4 Resolva as subtrações. Observe o exemplo.

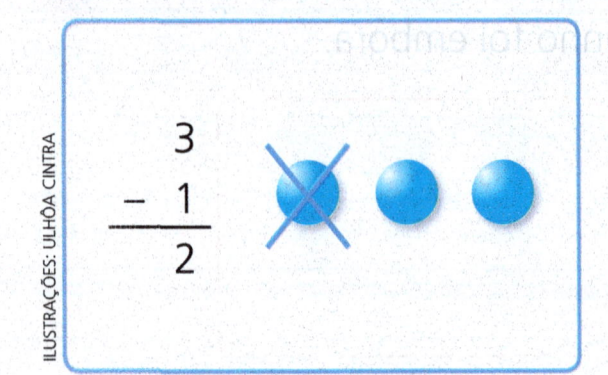

$$\begin{array}{r}3\\-\ 1\\\hline 2\end{array}$$

$$\begin{array}{r}7\\-\ 4\\\hline \ \end{array}$$

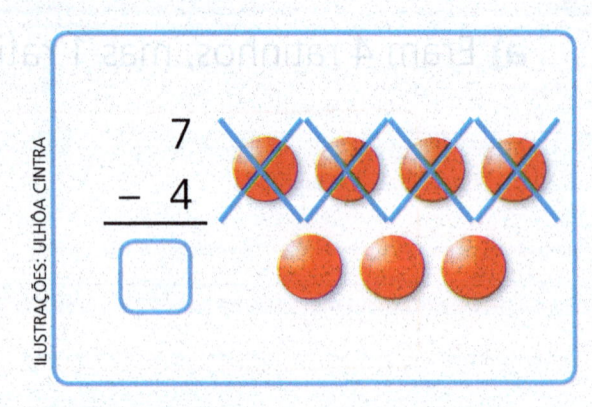

$$\begin{array}{r}6\\-\ 2\\\hline \ \end{array}$$

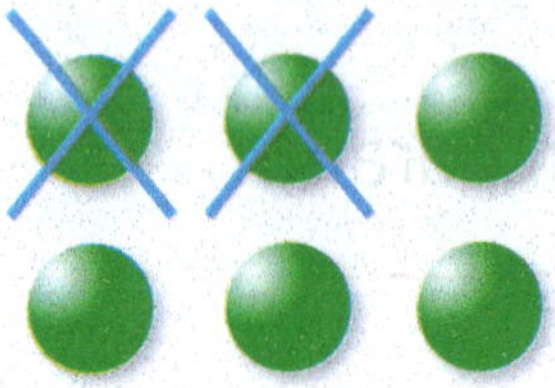

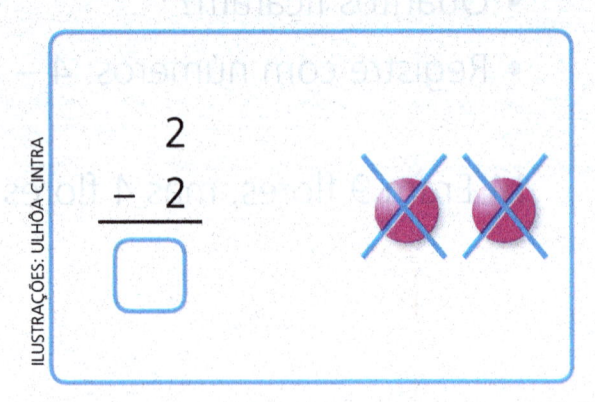

$$\begin{array}{r}2\\-\ 2\\\hline \ \end{array}$$

$$\begin{array}{r}8\\-\ 4\\\hline \ \end{array}$$

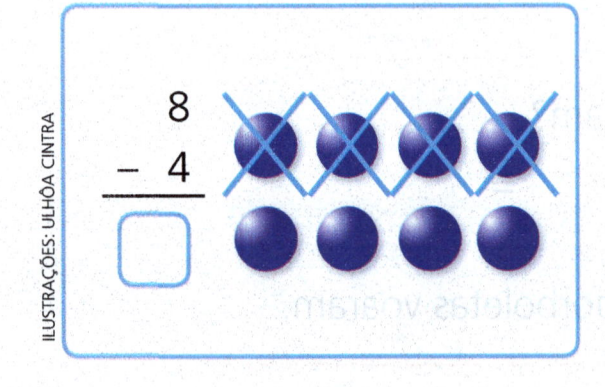

$$\begin{array}{r}3\\-\ 3\\\hline \ \end{array}$$

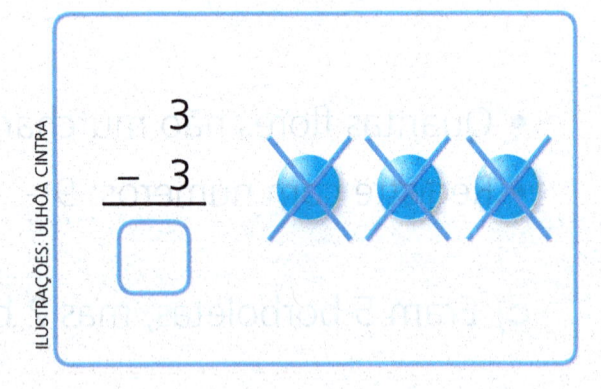

$$\begin{array}{r}7\\-\ 1\\\hline \ \end{array}$$

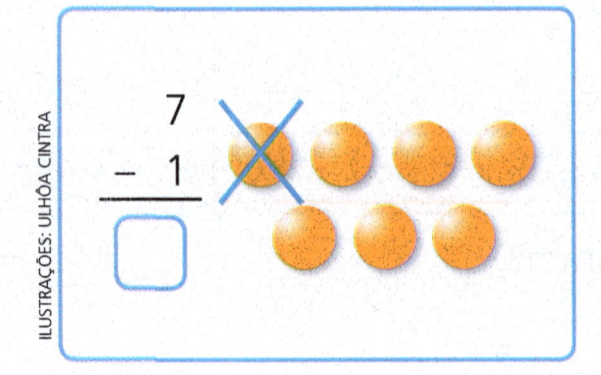

$$\begin{array}{r}9\\-\ 3\\\hline \ \end{array}$$

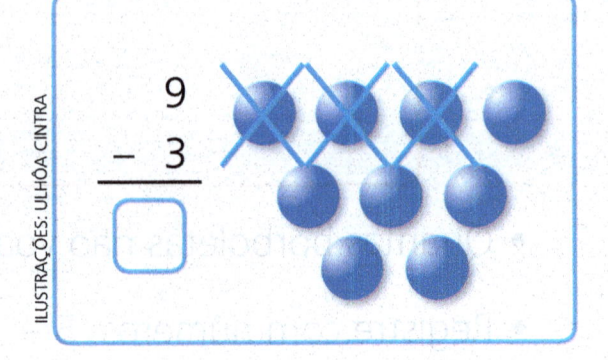

5 Escreva uma subtração para cada situação. Observe o modelo.

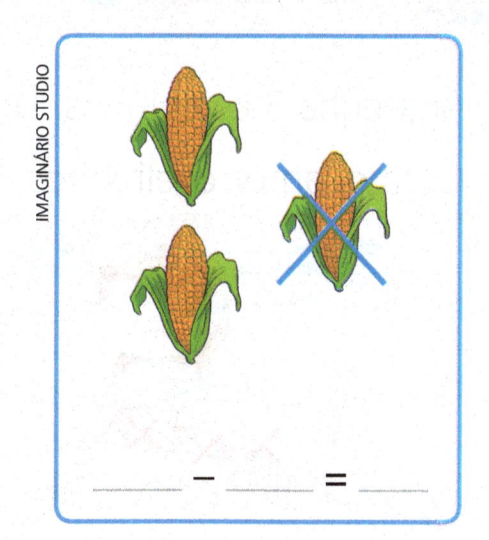

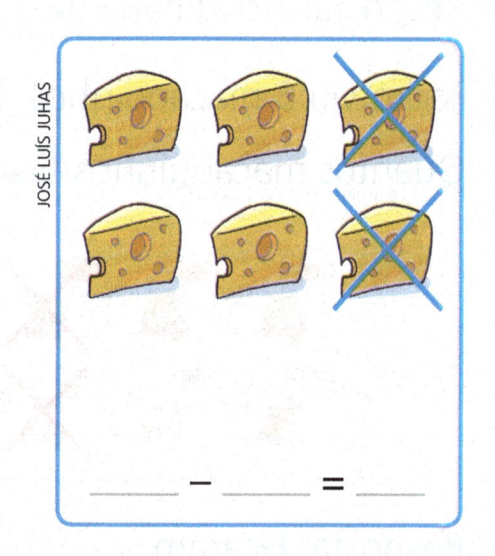

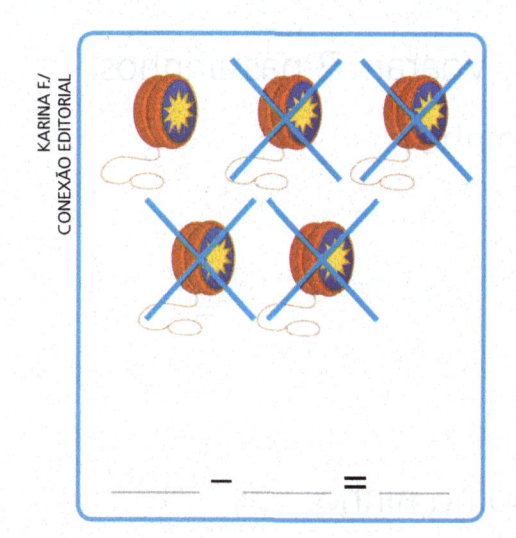

$5 - 2 = 3$

____ − ____ = ____

____ − ____ = ____

____ − ____ = ____

____ − ____ = ____

____ − ____ = ____

PROBLEMAS

1 Ana tinha 5 coelhinhos. Deu 4 para Bete.

Com quantos coelhinhos Ana ficou?

$5 - 4 = \boxed{}$

Resposta: Ana ficou com _____ coelhinho.

2 Pedro viu 6 macaquinhos. Foram embora 2 macaquinhos.

Quantos macaquinhos ficaram?

$\boxed{} - \boxed{} = \boxed{}$

Resposta: Ficaram _____ macaquinhos.

3 Em um ninho havia 3 passarinhos. Voaram 2 passarinhos.

Quantos passarinhos ficaram no ninho?

$\boxed{} - \boxed{} = \boxed{}$

Resposta: Ficou _____ passarinho no ninho.

4 Na fruteira havia 2 maçãs. Paulo comeu 2.

Quantas maçãs restaram na fruteira?

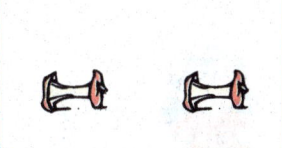

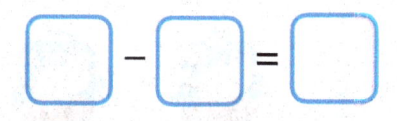

☐ – ☐ = ☐

Resposta: Na fruteira _____.

5 Das 9 bexigas que Diego ganhou, 3 estouraram.

Quantas bexigas restaram?

☐ – ☐ = ☐

Resposta: Restaram _____ bexigas.

6 Paulo tinha 7 carrinhos. Deu 2 carrinhos para Carlos.

Com quantos carrinhos Paulo ficou?

☐ – ☐ = ☐

Resposta: Paulo ficou com _____ carrinhos.

7 Cris tem 3 bonecas.

Quantas bonecas faltam para ela ter 7?

☐ – ☐ = ☐

Resposta: Faltam _____ bonecas.

8 Maria Clara tinha 5 petecas, mas agora só tem 3.

Quantas petecas ela perdeu?

☐ – ☐ = ☐

Resposta: Maria Clara perdeu _____ petecas.

9 Quantos palmos Anita é mais alta do que André?

☐ – ☐ = ☐

Resposta: Anita é _____ palmos mais alta do que André.

LIÇÃO 12

NÚMEROS DE 11 A 49

Números de 11 a 19

Observe o exemplo e complete.

1 dezena + 1 unidade = **11** onze

1 dezena + 2 unidades = ☐ doze

1 dezena + 3 unidades = ☐ treze

1 dezena + 4 unidades = ☐ catorze

1 dezena + 5 unidades = ☐ quinze

1 dezena + 6 unidades = ☐ dezesseis

1 dezena + 7 unidades = ☐ dezessete

1 dezena + 8 unidades = ☐ dezoito

1 dezena + 9 unidades = ☐ dezenove

ATIVIDADES

1 Agrupe 10 elementos e indique quantas dezenas e quantas unidades há. Observe o exemplo.

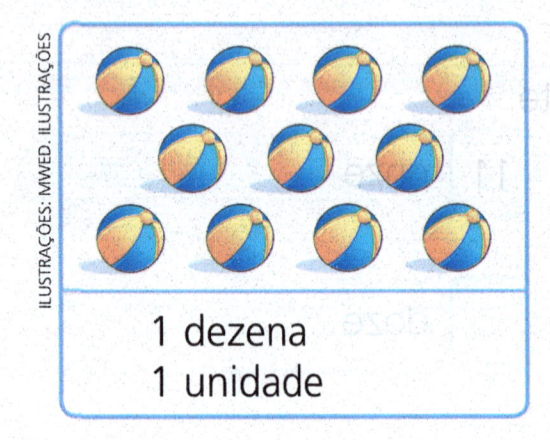

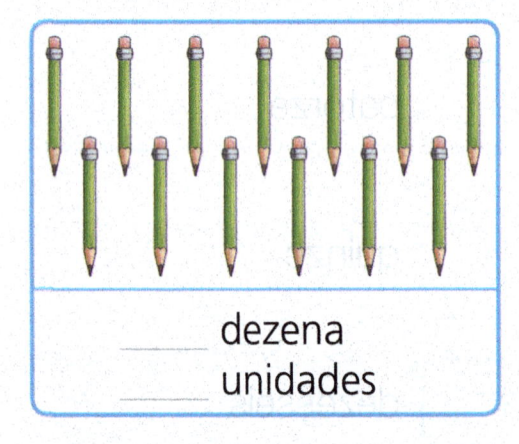

1 dezena 1 unidade	____ dezena ____ unidades
____ dezena ____ unidades	____ dezena ____ unidades
____ dezena ____ unidades	____ dezena ____ unidades

2 Escreva o número que vem imediatamente antes e o número que vem imediatamente depois.

	7	
	5	
	14	
	9	
	12	
	10	

3 Escreva o número que está entre um e outro:

5		7
17		19
16		18
12		14
9		11
3		5

4 Complete as sequências.

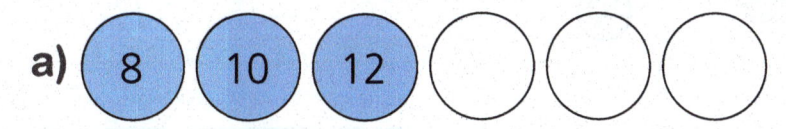

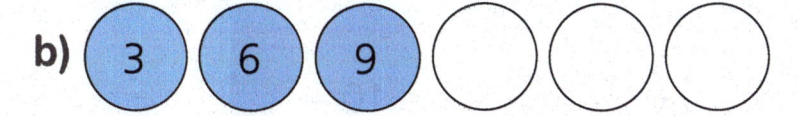

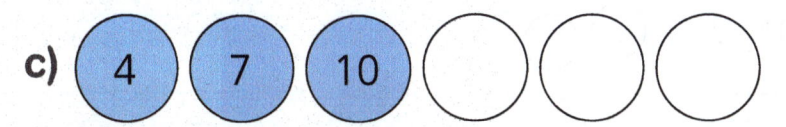

a) 8 10 12 ◯ ◯ ◯

b) 3 6 9 ◯ ◯ ◯

c) 4 7 10 ◯ ◯ ◯

5 Complete o quadro. Veja o exemplo.

DEZENA	UNIDADE
1	1

ou

D	U
1	1

11

D	U
1	2

12

D	U

14

D	U

16

D	U

18

D	U

13

D	U

15

D	U

17

D	U

19

6 Circule uma dezena e complete as adições.

a) 10 + _____ = _____

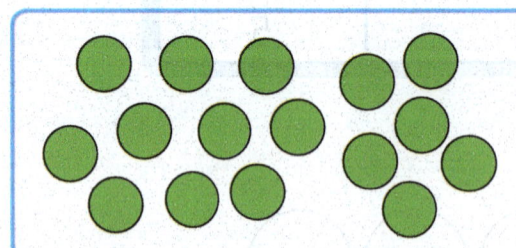

b) 10 + _____ = _____

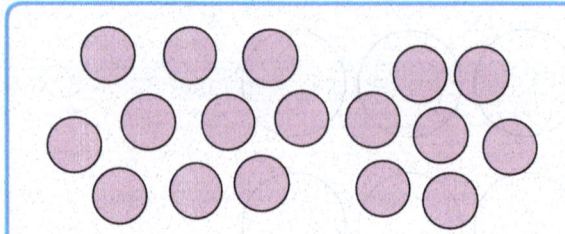

7 Observe a imagem de um sítio.

a) Conte os elementos e complete com a quantidade:

galinhas: _____   flores: _____   frutas: _____.

b) Marque um ⓧ nas frases corretas.

☐ Na imagem, tem mais galinhas que frutas.

☐ Na imagem, tem menos galinhas que frutas.

☐ Na imagem, tem mais galinhas que flores.

☐ Na imagem, tem a mesma quantidade de galinhas e de flores.

☐ Na imagem, tem menos frutas que flores.

☐ Na imagem, tem a mesma quantidade de frutas e de flores.

Números de 20 a 29

Observe a representação do número 20.

2 dezenas = 20 unidades
20 = vinte

Veja o exemplo e complete.

2 dezenas + 1 unidade = 21 vinte e um

2 dezenas + 2 unidades = ☐ vinte e dois

2 dezenas + 3 unidades = ☐ vinte e três

2 dezenas + 4 unidades = ☐ vinte e quatro

2 dezenas + 5 unidades = ☐ vinte e cinco

2 dezenas + 6 unidades = ☐ vinte e seis

2 dezenas + 7 unidades = ☐ vinte e sete

2 dezenas + 8 unidades = ☐ vinte e oito

2 dezenas + 9 unidades = ☐ vinte e nove

ATIVIDADES

1 Conte as barrinhas e os cubinhos e complete. Observe o exemplo.

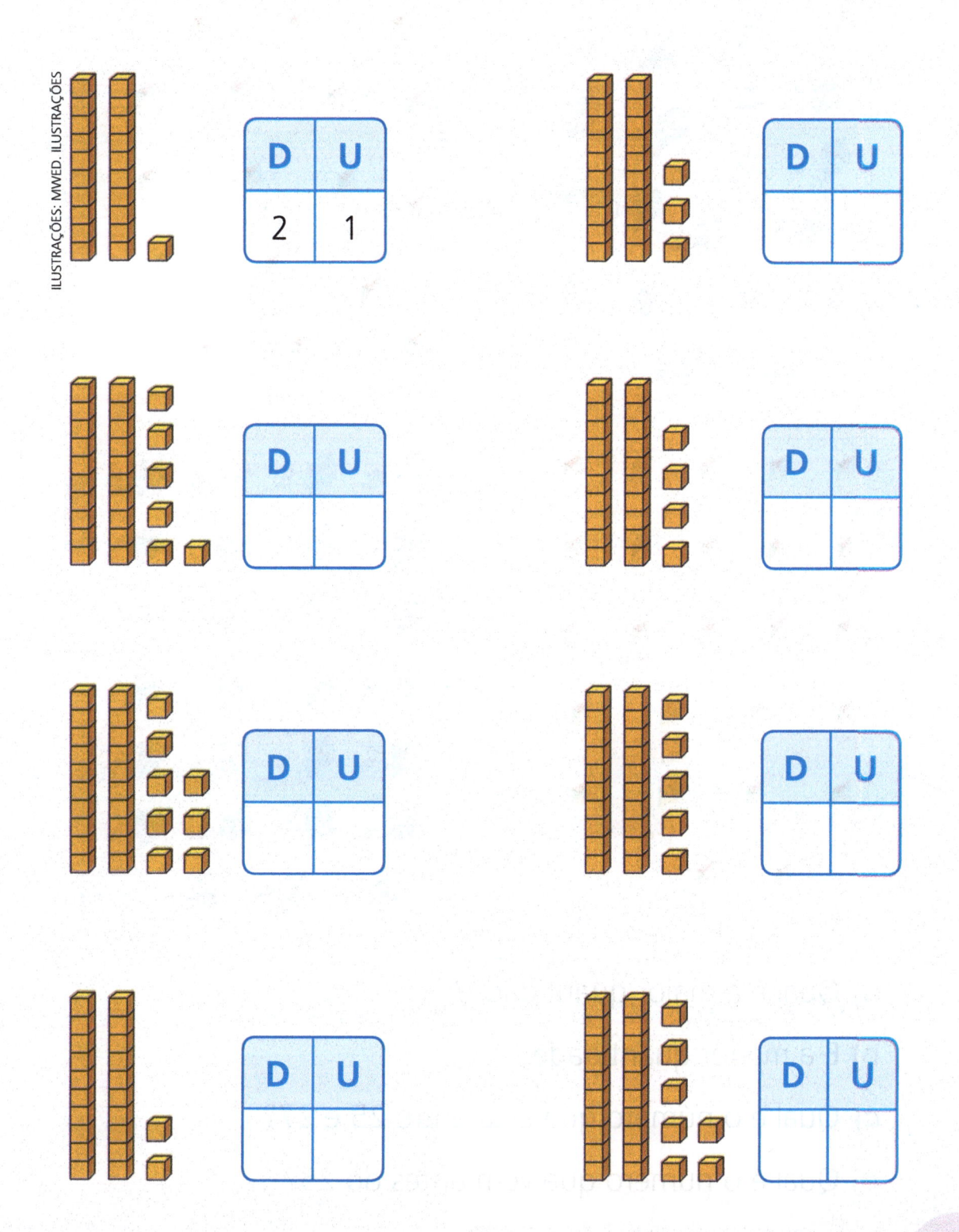

D	U
2	1

D	U

D	U

D	U

D	U

D	U

D	U

D	U

2 Qual é a quantidade de pipas em cada quadro?

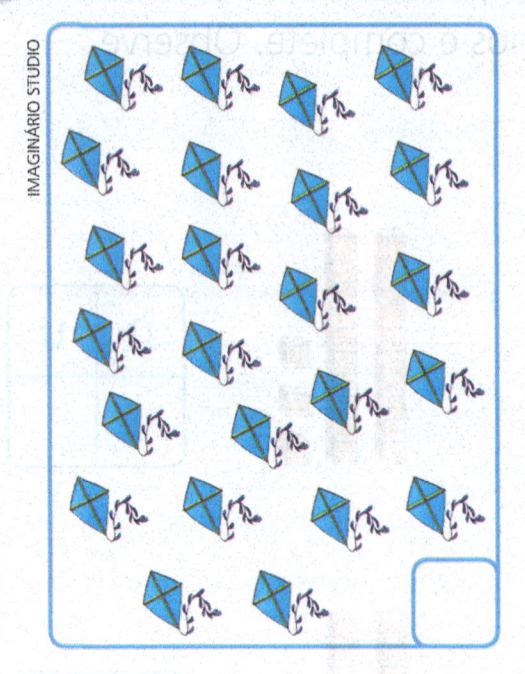

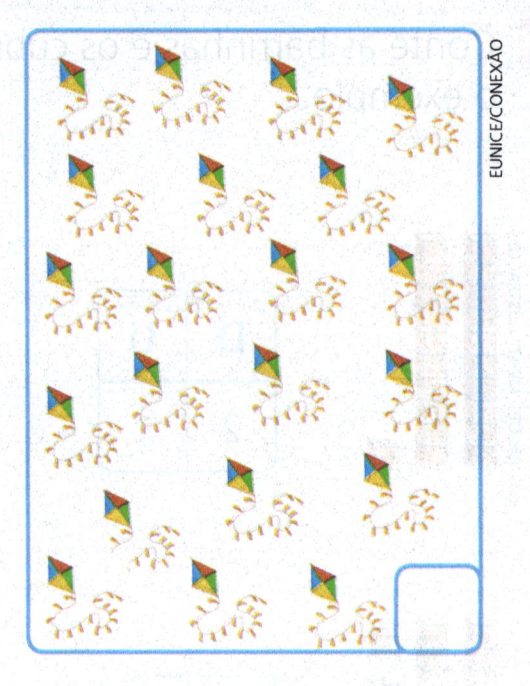

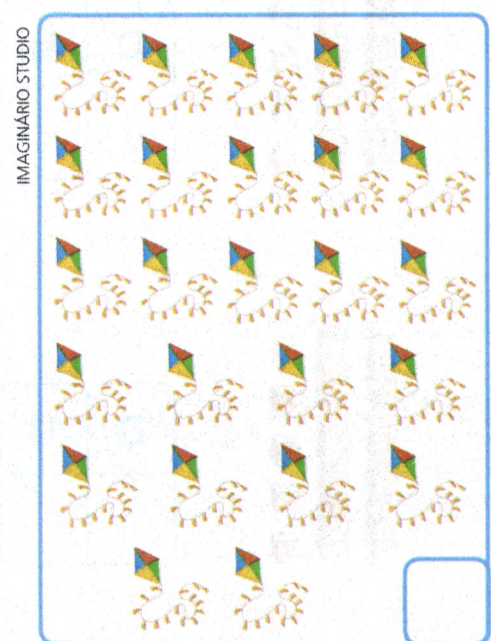

a) Qual é a maior quantidade? _____

b) E a menor quantidade? _____

c) Qual é o número que está entre 25 e 27? _____

d) Qual é o número que vem antes do 25? _____

3) Represente os algarismos nos quadros.

20

D	U

27

D	U

22

D	U

28

D	U

25

D	U

23

D	U

4) Complete as sequências.

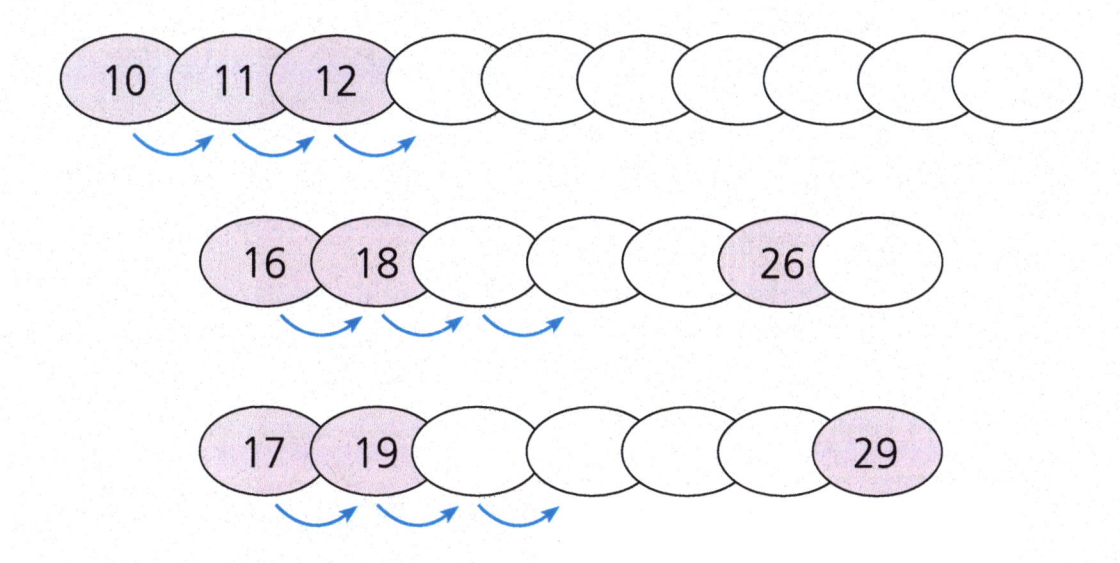

10, 11, 12, ○, ○, ○, ○, ○, ○, ○

16, 18, ○, ○, ○, 26, ○

17, 19, ○, ○, ○, ○, 29

5 Associe os números à sua escrita por extenso.

22	DEZENOVE
15	VINTE E CINCO
19	QUINZE
25	VINTE
20	VINTE E DOIS

DITADO DE NÚMEROS

Escreva os números que o professor ditar.

6 Veja a coleção de adesivos de Artur. Agrupe os adesivos de carros em grupos de 5. Faça o mesmo com os de bolas.

Complete com "tem mais" ou "tem menos".

Na coleção, _____ adesivos de bolas que de carros.

7 Veja a coleção de figurinhas de Madalena e de Iolanda.

Coleção de Madalena   Coleção de Iolanda

a) Sem contar uma a uma as figurinhas, marque um [X] para indicar quem tem mais figurinhas.

☐ Madalena   ☐ Iolanda

b) Agora, conte cada grupo de figurinhas e complete.

Madalena tem _____ figurinhas.

Iolanda tem _____ figurinhas.

Números de 30 a 39

Observe a representação do número 30.

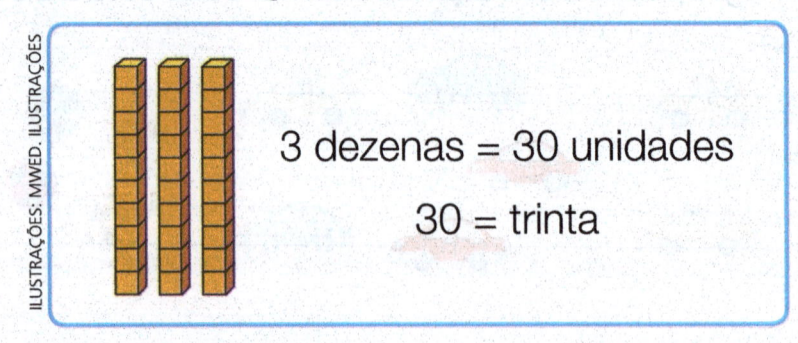

3 dezenas = 30 unidades

30 = trinta

Veja o exemplo e complete.

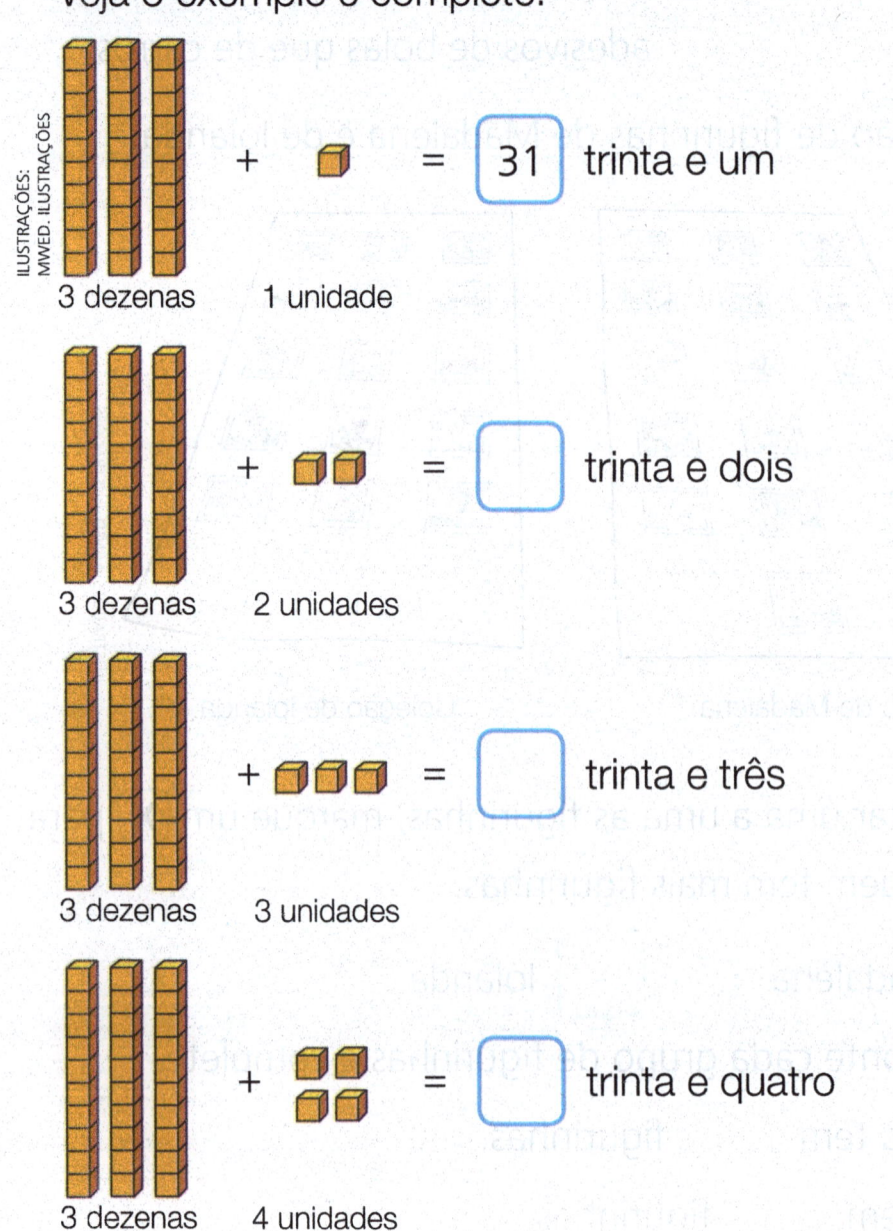

3 dezenas + 1 unidade = **31** trinta e um

3 dezenas + 2 unidades = ☐ trinta e dois

3 dezenas + 3 unidades = ☐ trinta e três

3 dezenas + 4 unidades = ☐ trinta e quatro

3 dezenas + 5 unidades = ☐ trinta e cinco

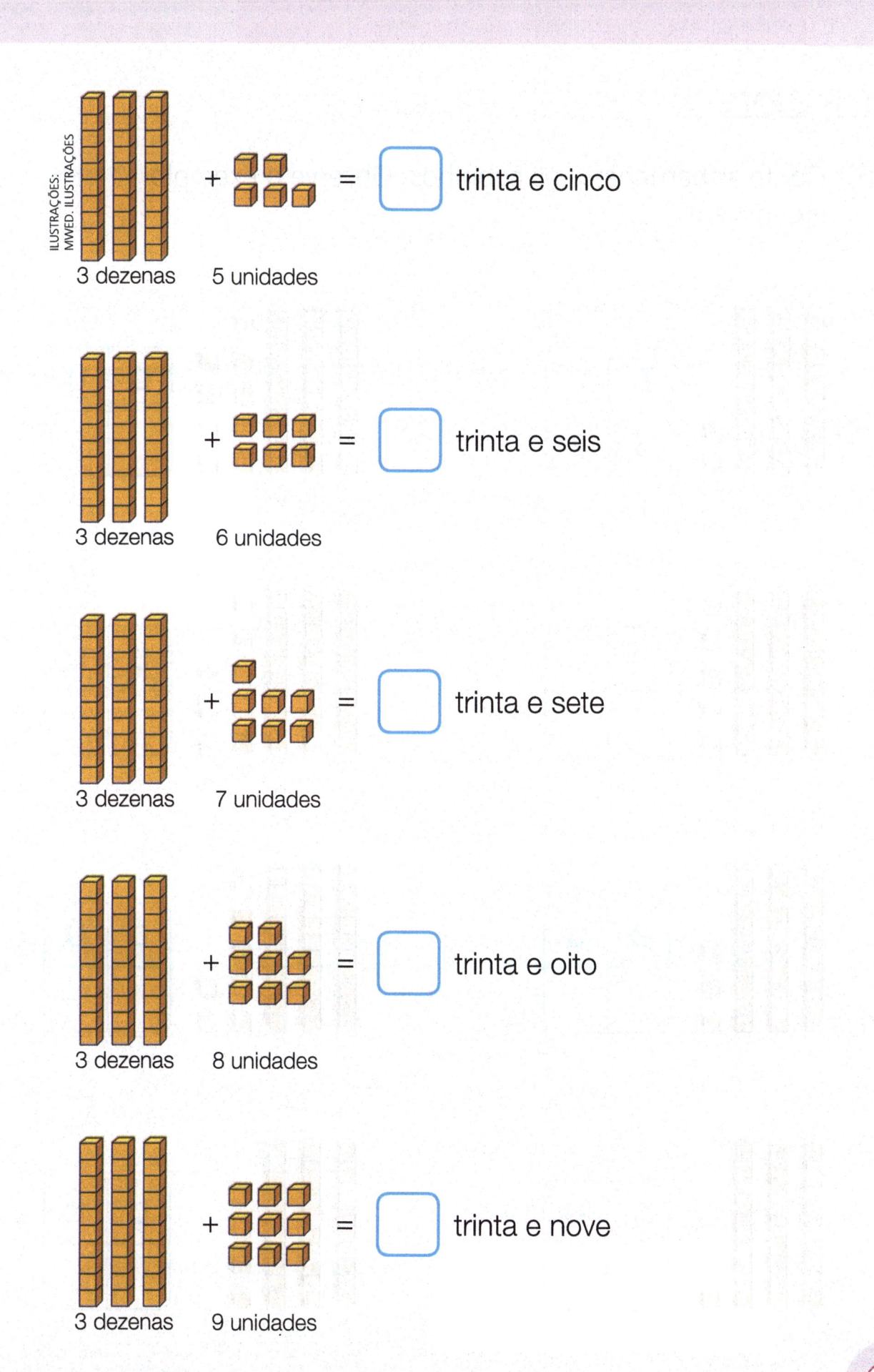

3 dezenas + 6 unidades = ☐ trinta e seis

3 dezenas + 7 unidades = ☐ trinta e sete

3 dezenas + 8 unidades = ☐ trinta e oito

3 dezenas + 9 unidades = ☐ trinta e nove

ATIVIDADES

1 Conte as barrinhas e os cubinhos. Observe o exemplo e complete.

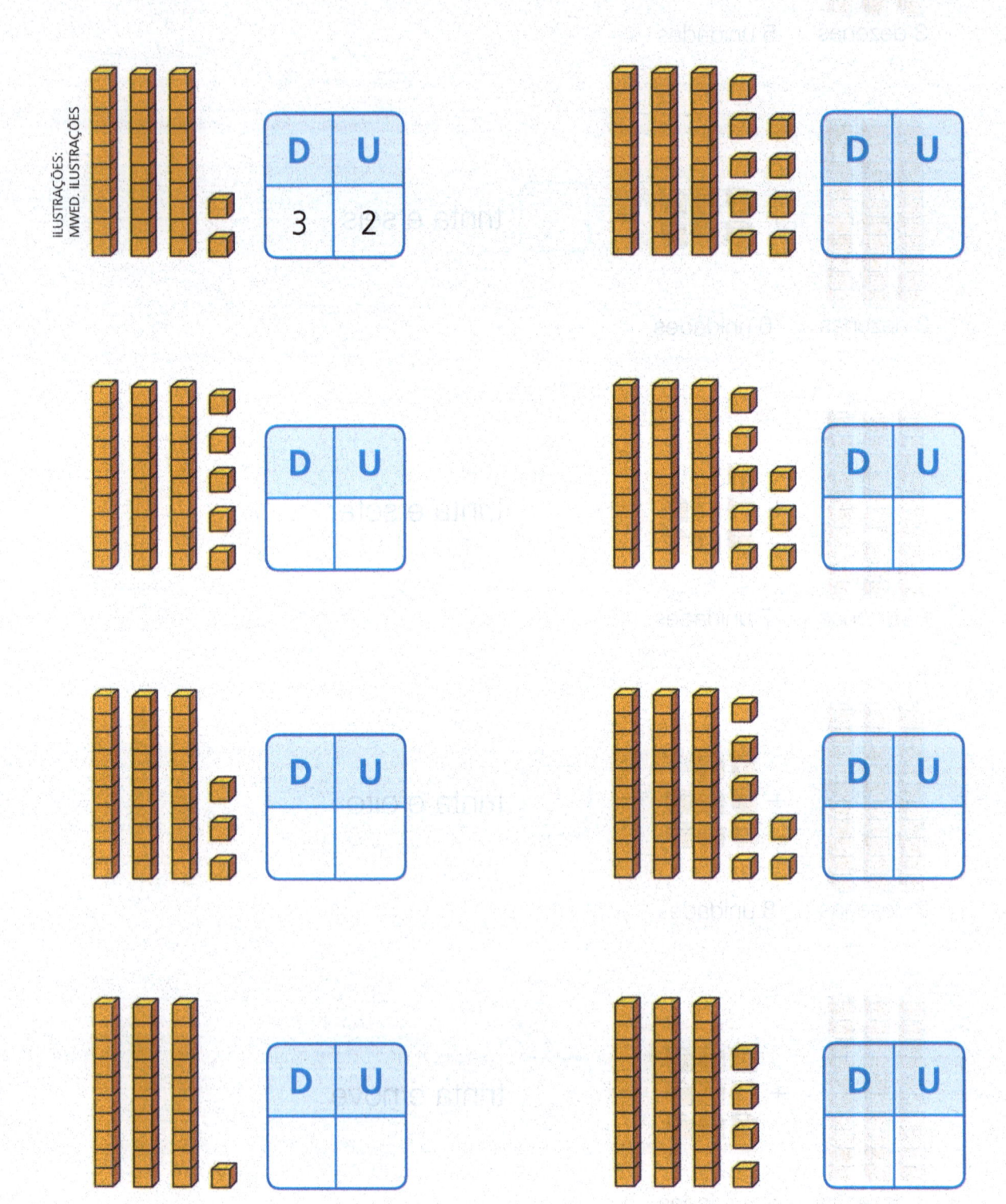

ILUSTRAÇÕES: MWED. ILUSTRAÇÕES

D	U
3	2

D	U

D	U

D	U

D	U

D	U

D	U

D	U

100

2 Escreva os números anteriores e posteriores aos que já estão indicados.

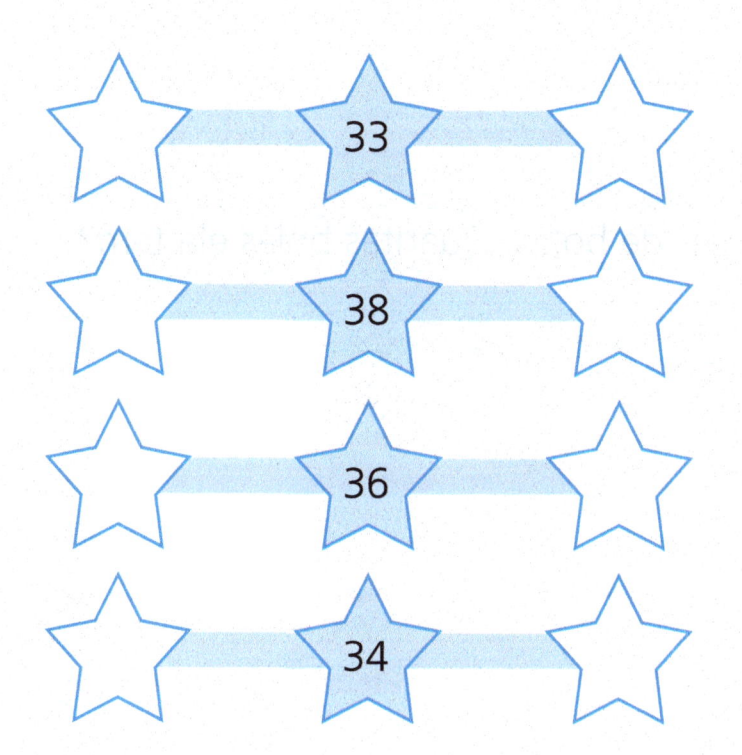

☆ — 33 — ☆

☆ — 38 — ☆

☆ — 36 — ☆

☆ — 34 — ☆

> Um número que vem imediatamente antes de outro é chamado **antecessor**. Um número que vem imediatamente depois de outro é chamado **sucessor**.

3 Leia os números a seguir.

| 37 | 32 | 34 | 30 | 31 | 35 |

a) Qual é o maior? _____

b) Qual é o menor? _____

c) Qual é o antecessor de 35? _____

d) Qual é o sucessor de 31? _____

e) Qual é o número que está entre 30 e 32? _____

f) Qual é o número que tem 3 dezenas e 5 unidades? _____

4 Complete a sequência.

(30)(31)( )( )( )( )( )( )( )( )

5 Descubra as respostas.

a) Juliana tem 2 dezenas de bolas. Quantas bolas ela tem?

b) Felipe tem 3 dezenas de bolas. Quantas bolas ele tem?

- Quem possui mais bolas: Juliana ou Felipe?
- Quantas dezenas de bolas a mais?

6 Associe os números à sua escrita.

19	VINTE E TRÊS
16	TRINTA E TRÊS
23	TRINTA E SEIS
36	DEZENOVE
33	DEZESSEIS

DITADO DE NÚMEROS

Escreva nos balões os números que o professor ditar.

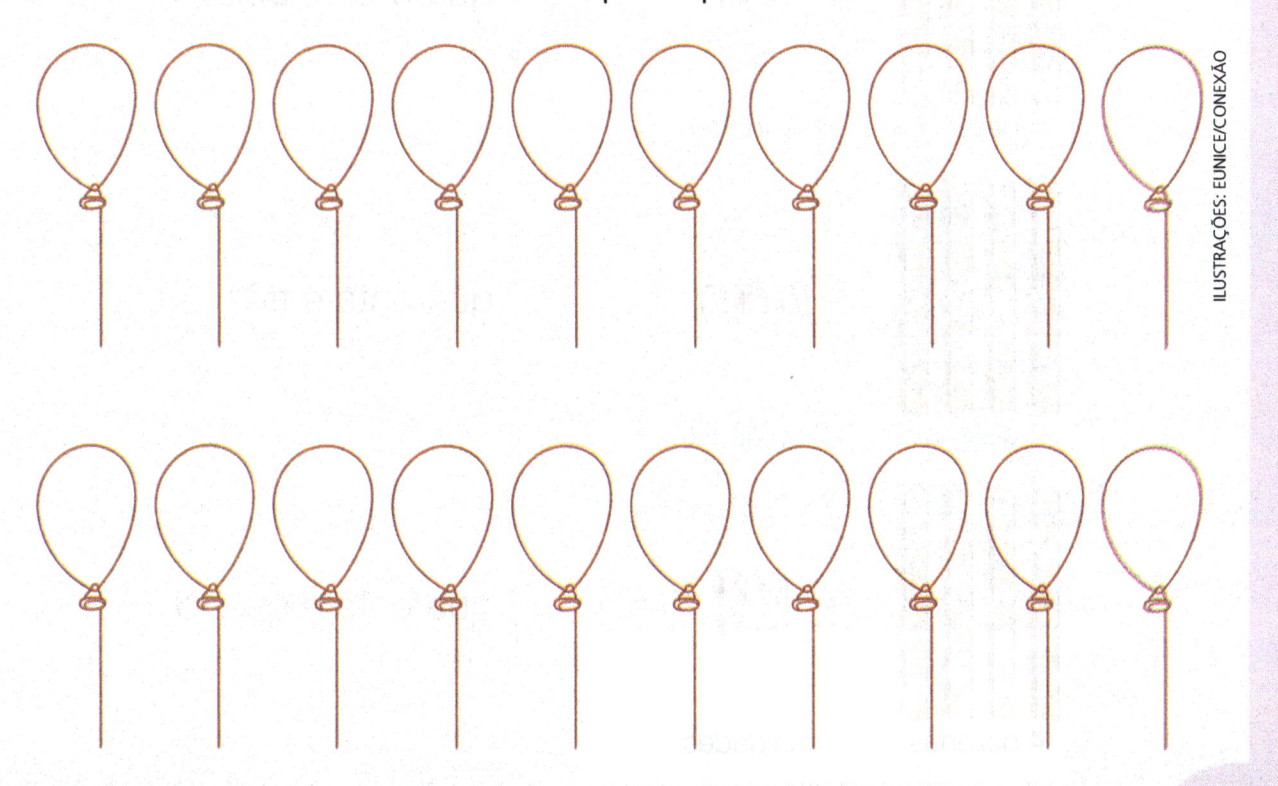

Números de 40 a 49

Observe a representação do número 40.

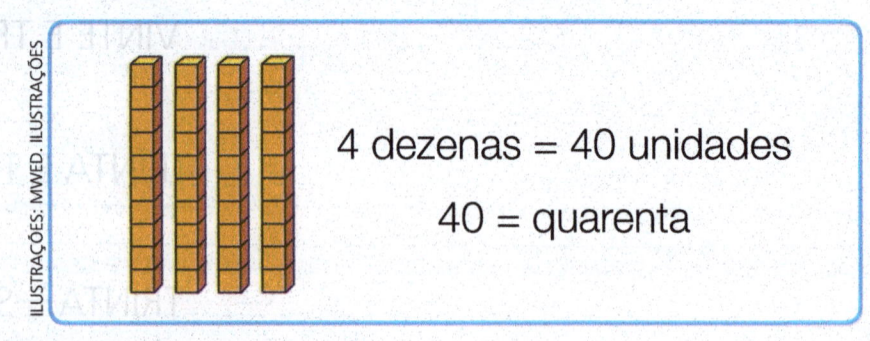

4 dezenas = 40 unidades

40 = quarenta

Veja o exemplo e complete.

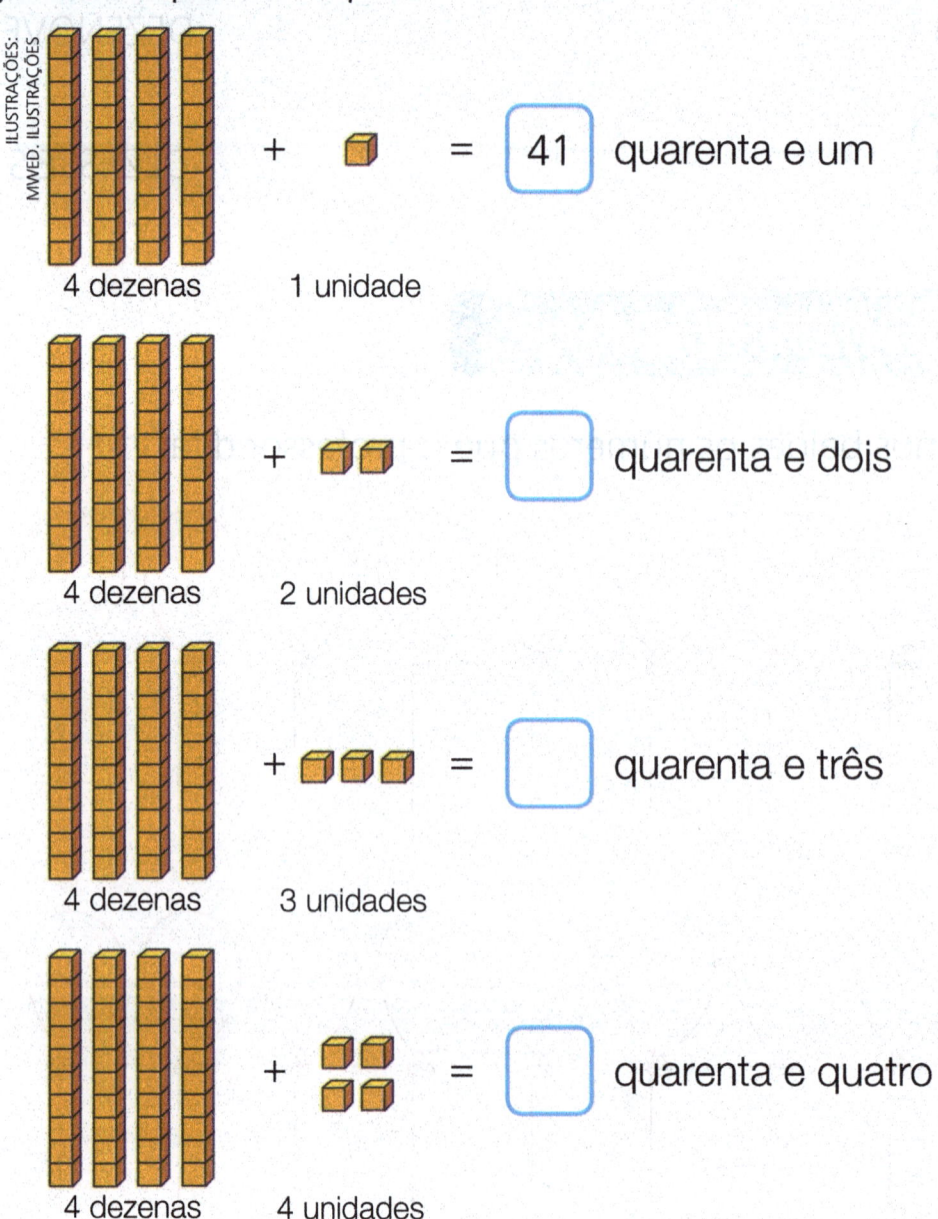

+ = 41 quarenta e um

4 dezenas   1 unidade

+ = ☐ quarenta e dois

4 dezenas   2 unidades

+ = ☐ quarenta e três

4 dezenas   3 unidades

+ = ☐ quarenta e quatro

4 dezenas   4 unidades

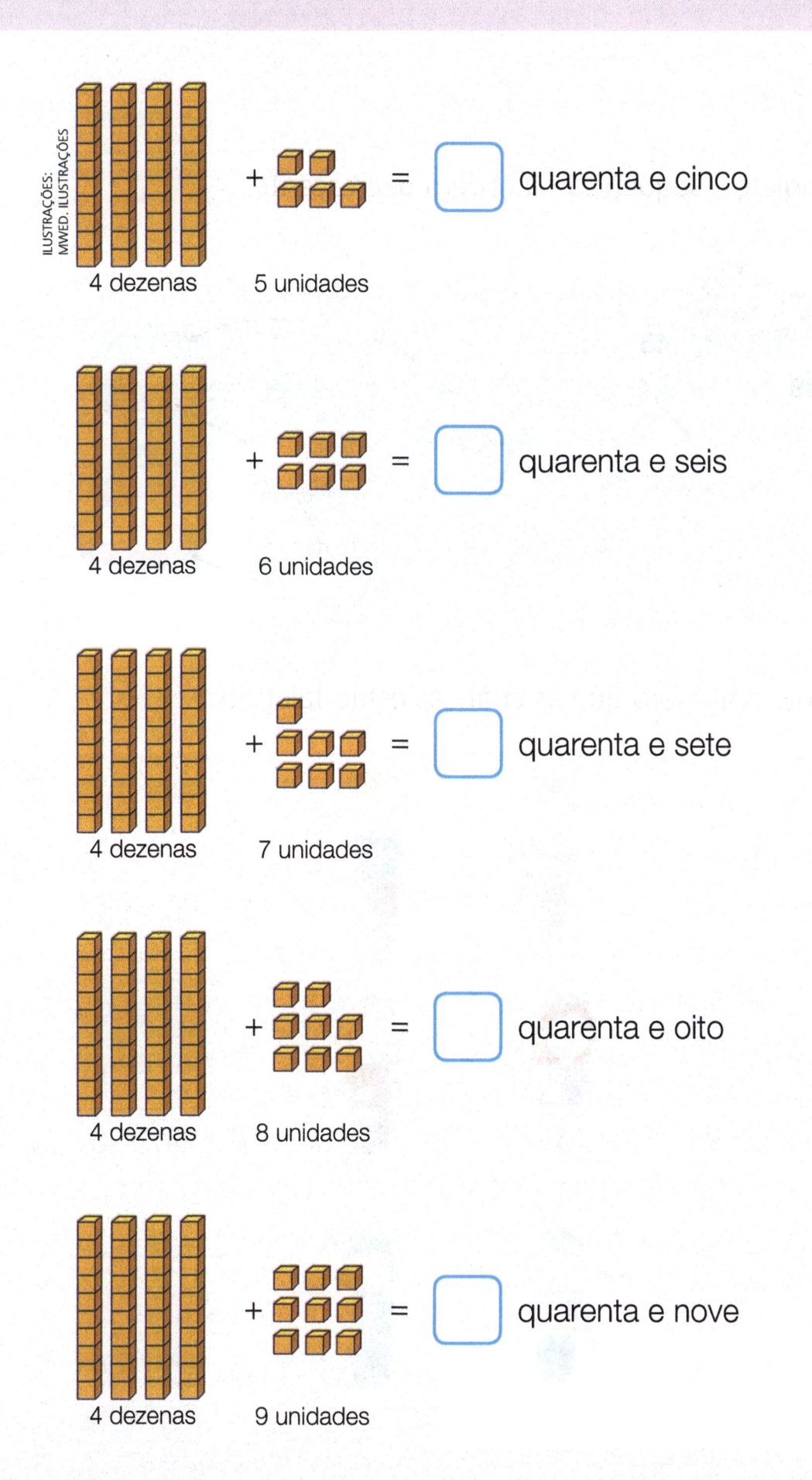

4 dezenas + 5 unidades	=	☐	quarenta e cinco
4 dezenas + 6 unidades	=	☐	quarenta e seis
4 dezenas + 7 unidades	=	☐	quarenta e sete
4 dezenas + 8 unidades	=	☐	quarenta e oito
4 dezenas + 9 unidades	=	☐	quarenta e nove

ATIVIDADES

1 Complete a sequência na ordem decrescente.

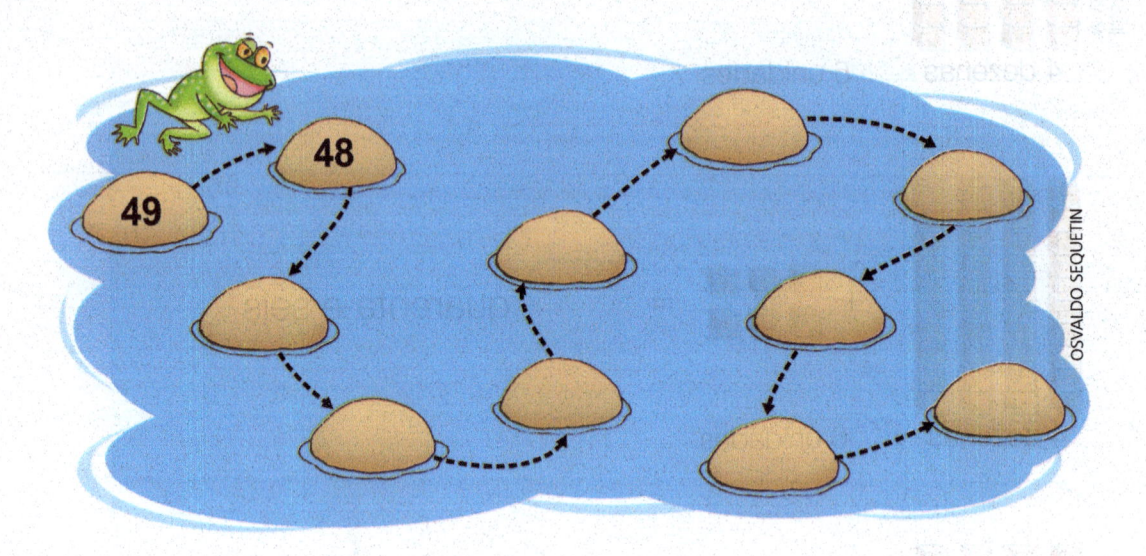

2 Circule o número que as crianças estão falando.

É MAIOR DO QUE 48.

45   49   47

É MAIOR DO QUE 43.

42   45   40

FICA ENTRE 41 E 43.

44   46   42

É MENOR DO QUE 45.

47   43   46

FICA ANTES DE 42.

49   41   48

FICA DEPOIS DE 44.

40   42   45

3 Observe as escadinhas e complete.

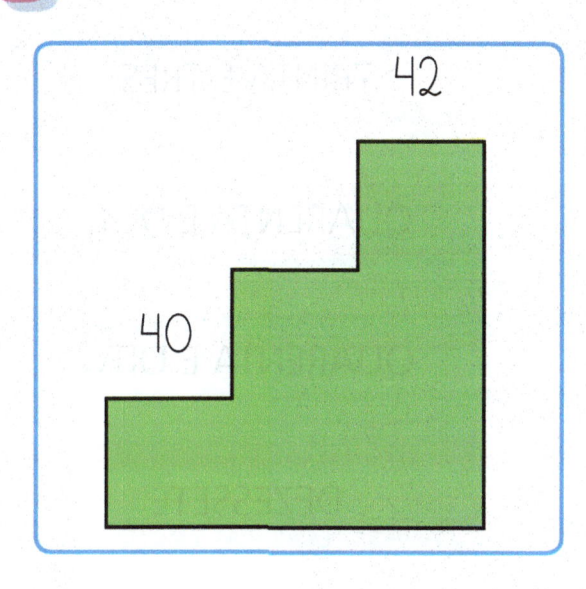

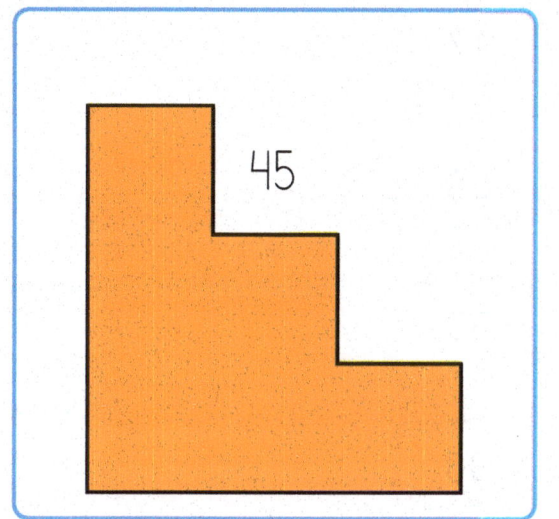

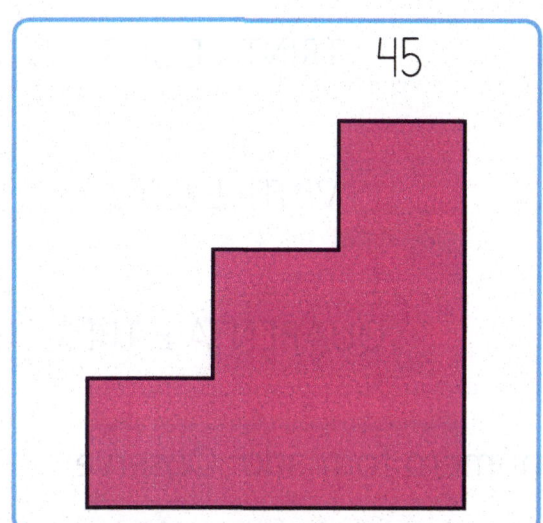

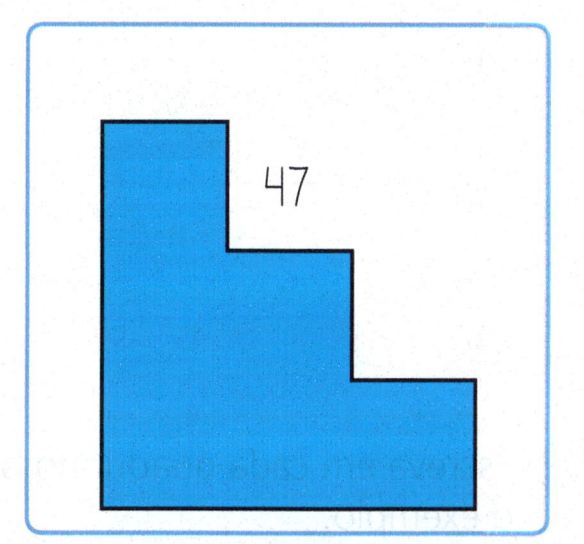

42
40

45

45

47

4 Observe o exemplo e complete.

42 ←−2− 44 −+2→ 46   ☐ ←−3− 46 −+3→ ☐

☐ ←−2− 43 −+2→ ☐   ☐ ←−2− 47 −+2→ ☐

☐ ←−3− 45 −+3→ ☐   ☐ ←−1− 48 −+1→ ☐

5 Associe cada número à sua escrita.

17	TRINTA E TRÊS
28	QUARENTA E DOIS
33	QUARENTA E OITO
36	DEZESSETE
42	TRINTA E SEIS
43	VINTE E OITO
48	QUARENTA E TRÊS

6 Escreva em cada quadrinho o número formado. Observe o exemplo.

a) 4 dezenas e 2 unidades　　42

b) 4 dezenas e 5 unidades

c) 4 dezenas e 7 unidades

d) 4 dezenas e 1 unidade

e) 4 dezenas e 9 unidades

DITADO DE NÚMEROS

Escreva os números que o professor ditar.

LIÇÃO 13 — DÚZIA E MEIA DÚZIA

Dúzia e meia dúzia

Observe a quantidade de ovos em cada caixa.

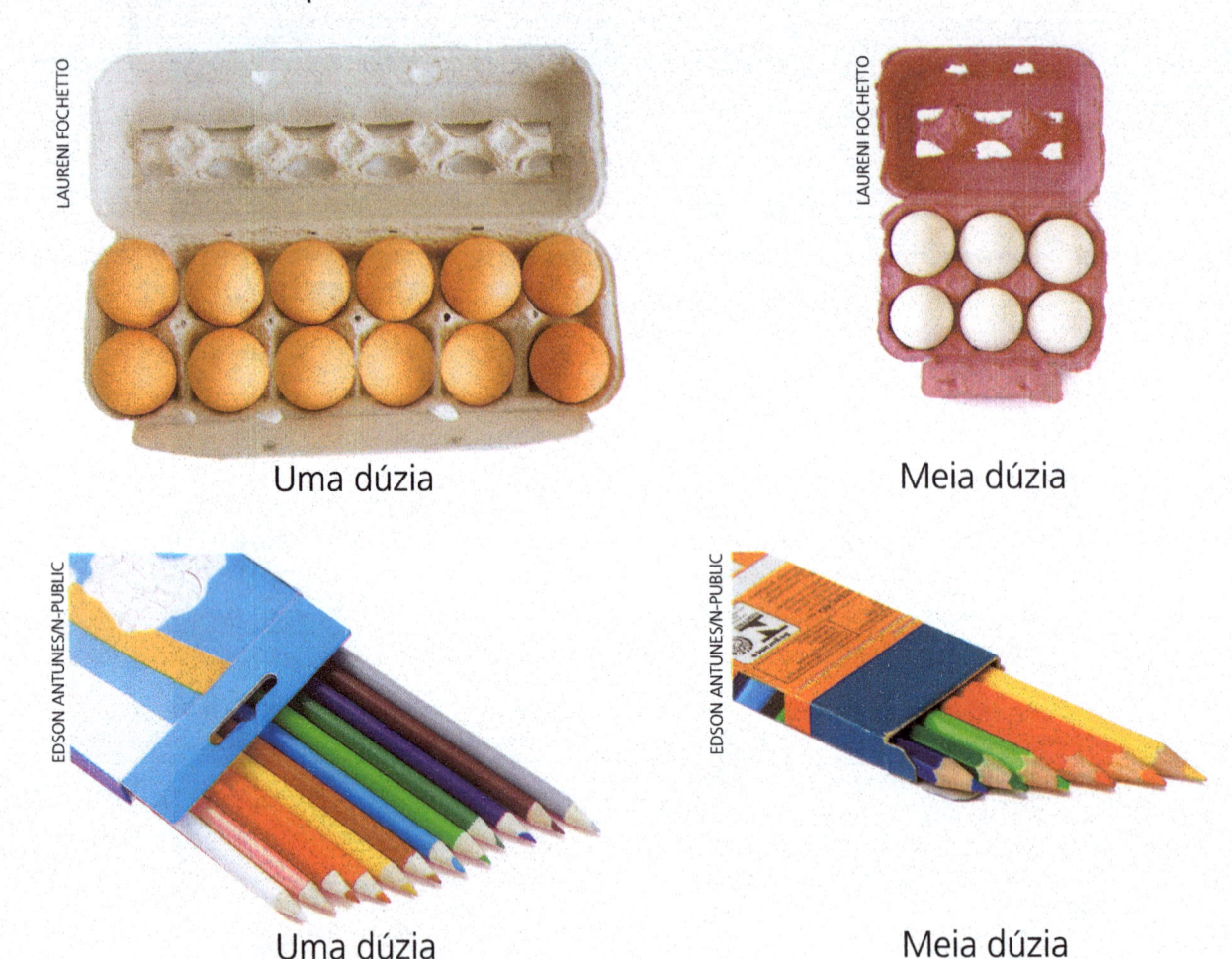

Uma dúzia   Meia dúzia

Uma dúzia   Meia dúzia

Conte as quantidades e responda.

- Quantos elementos formam uma dúzia?

- Quantos elementos formam meia dúzia?

Conte quantos elementos há em cada caixa e escreva a quantidade deles.

Uma dúzia são 12 unidades.   Meia dúzia são 6 unidades.

ATIVIDADES

1 Contorne com um ▢ o número que representa uma dúzia e com um ◯ o número que representa meia dúzia.

| 5 | 17 | 9 | 12 | 19 |

| 6 | 8 | 13 | 14 | 10 |

2 Complete os grupos para que fiquem com uma dúzia de elementos.

3 Pinte meia dúzia de maçãs.

Quantas maçãs você pintou? ☐

4 Desenhe:

uma dúzia de ovos.

meia dúzia de bananas.

112

5 Desenhe a quantidade que falta para tornar as afirmações verdadeiras.

Ganhei meia dúzia de piões.

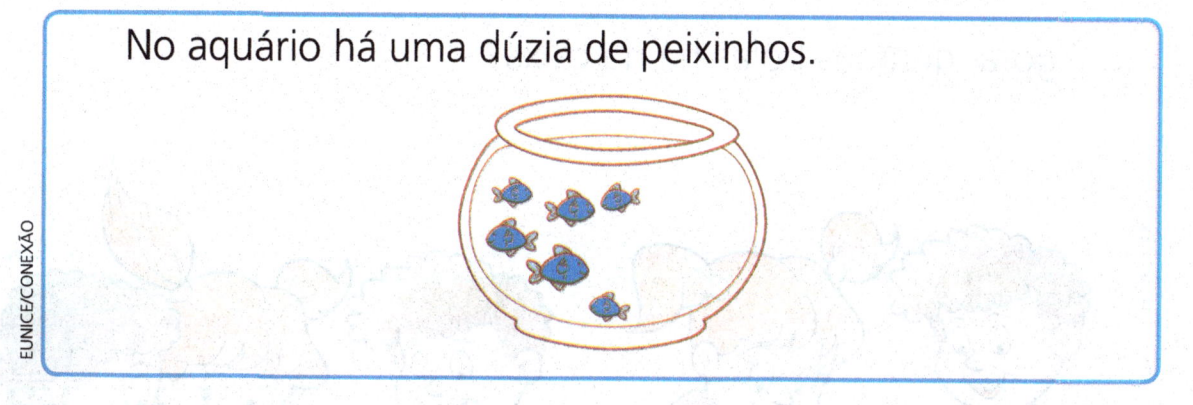

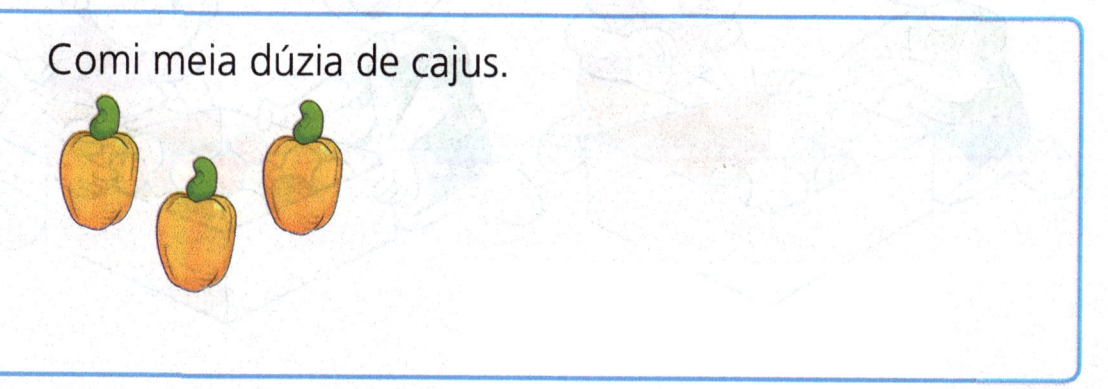

Comprei uma dúzia de morangos.

No aquário há uma dúzia de peixinhos.

Comi meia dúzia de cajus.

6 Quantos lápis de cor há nesta caixa?

☐

- Com um traço, divida a caixa pela metade.

Cada metade terá ☐ lápis.

Meia dúzia é igual a ☐ unidades.

7 Veja o que as crianças estão fazendo.

Lucas e Ana vão colocar ☐ bolas em uma caixa.

Sérgio chegou e colocou mais ☐ bolas na mesma caixa.

Agora, quantas bolas há na caixa? ☐

EU GOSTO DE APRENDER MAIS

Leia o problema.

> Sofia e Davi colecionam figurinhas de futebol. Sofia tem uma dúzia de figurinhas. Davi tem a metade do que ela tem.
> Quantas figurinhas Davi tem?

a) Circule a pergunta do problema.

b) Desenhe a quantidade de figurinhas que Sofia tem.

c) Desenhe a quantidade de figurinhas que Davi tem.

d) Qual dos itens acima dá a resposta ao problema? Marque um ⓧ.

☐ Item b   ☐ Item c

e) Complete.

Davi tem _____ figurinhas.

INFORMAÇÃO E ESTATÍSTICA

O gráfico a seguir mostra o resultado de uma pesquisa sobre as frutas preferidas dos alunos de uma turma de 1º ano.

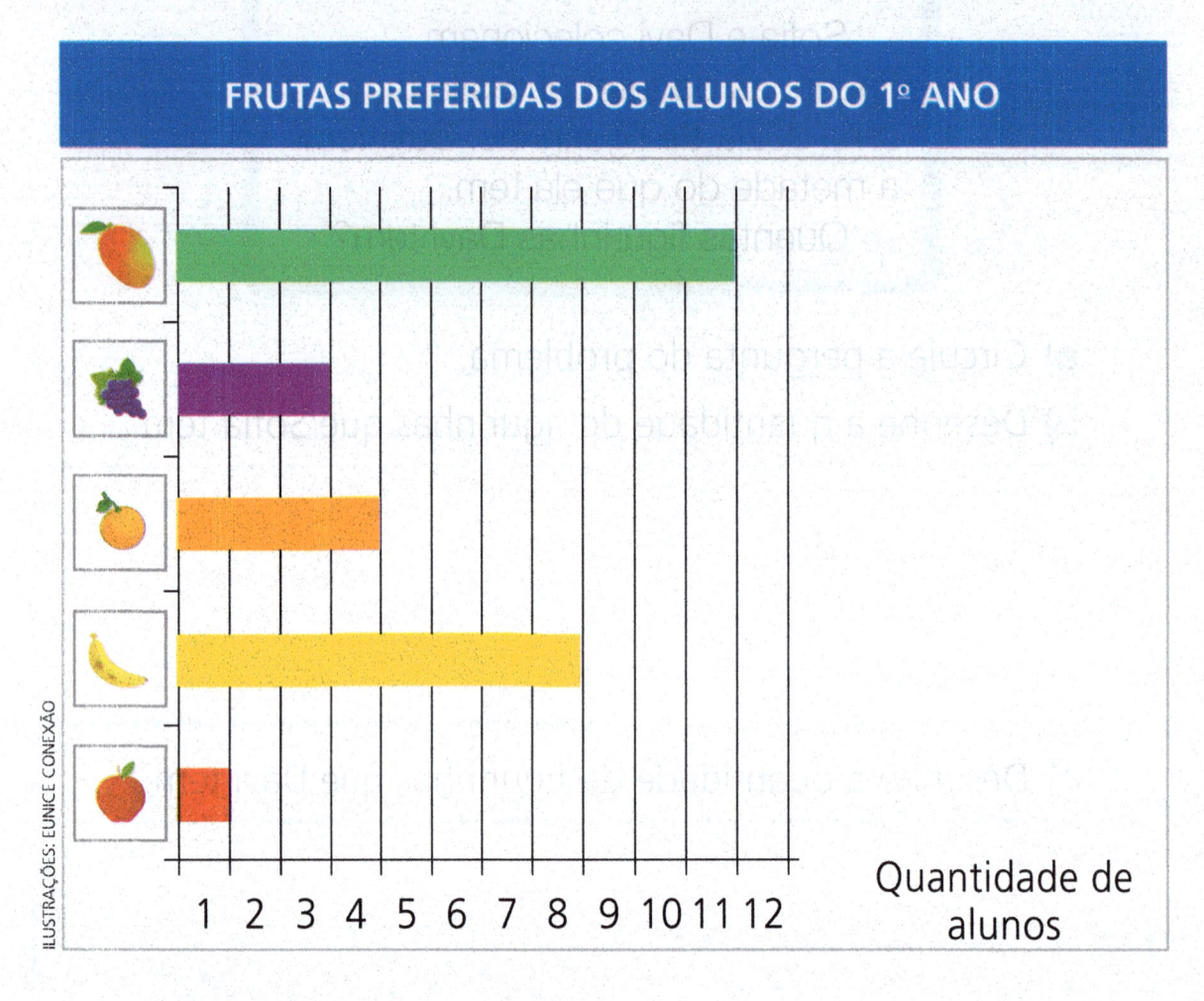

FRUTAS PREFERIDAS DOS ALUNOS DO 1º ANO

(Quantidade de alunos)

- Manga: 11
- Uva: 3
- Laranja: 4
- Banana: 8
- Maçã: 1

Qual foi a fruta mais escolhida?

_____

Qual foi a fruta menos escolhida?

_____

Quantos alunos preferem banana?

_____

LIÇÃO 14

FIGURAS GEOMÉTRICAS PLANAS

Observe a imagem composta por figuras geométricas.

As figuras geométricas têm nomes.
Agora, leia o nome destas figuras geométricas.

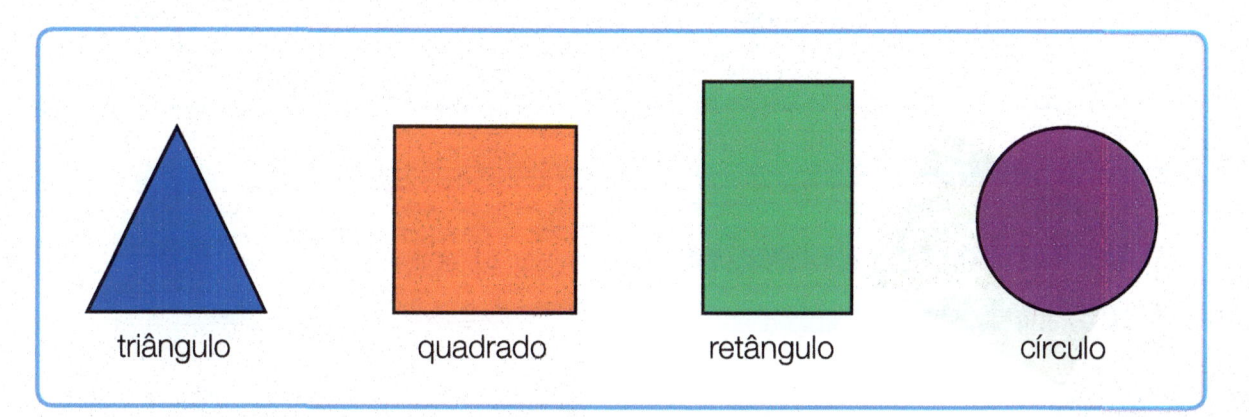

| triângulo | quadrado | retângulo | círculo |

117

ATIVIDADES

1 Circule a figura geométrica que lembra a forma de cada objeto.

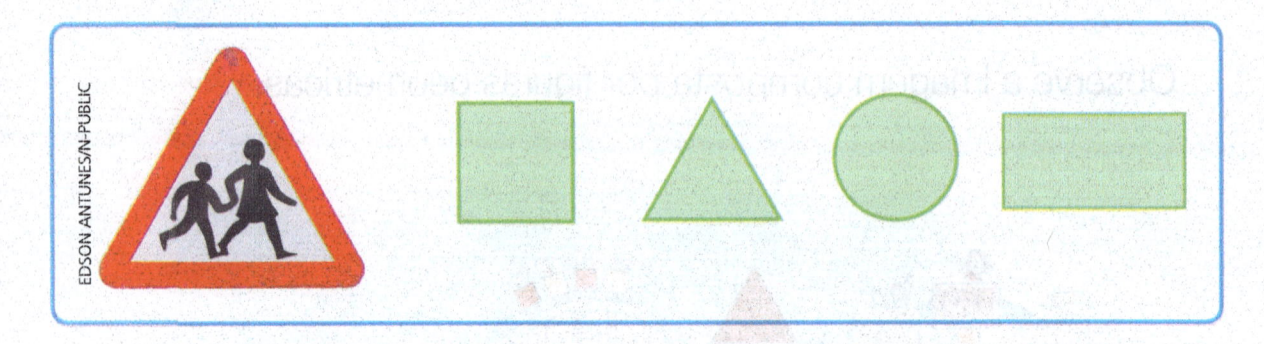

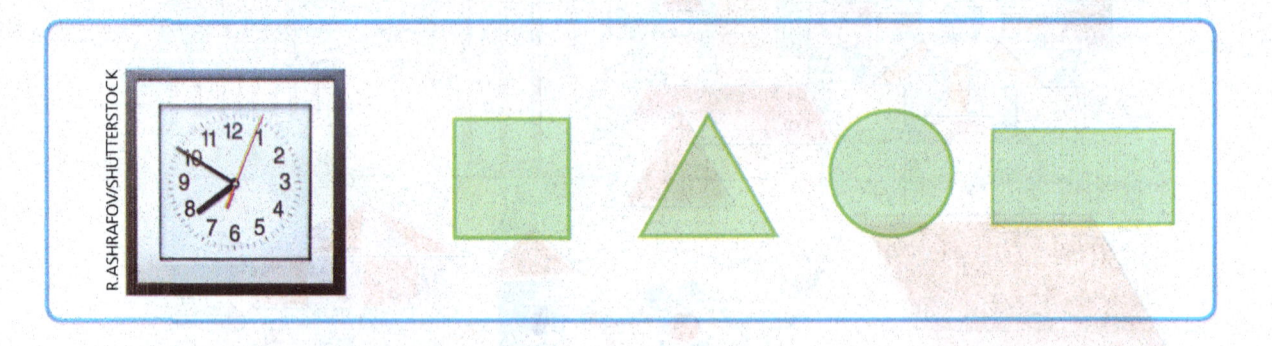

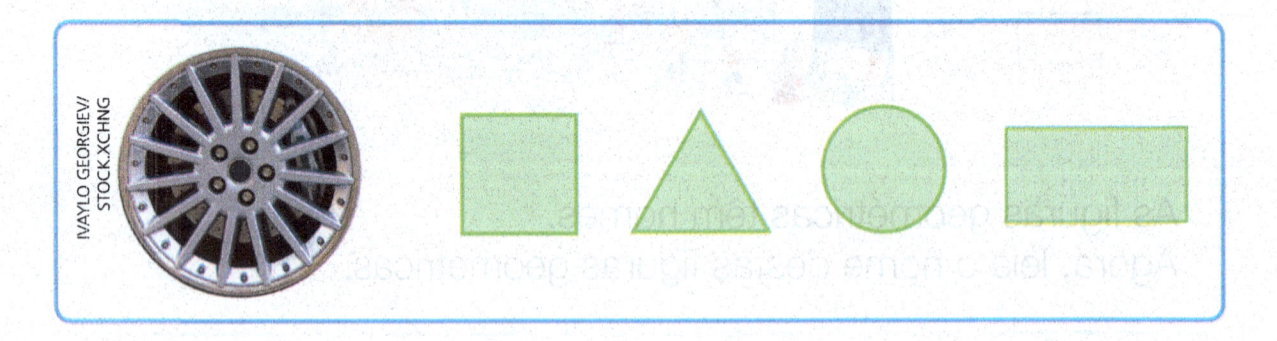

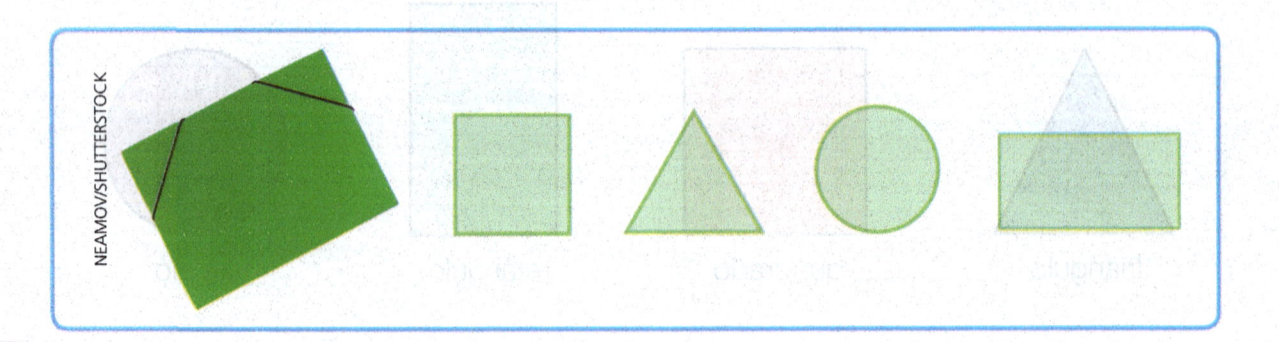

2 Pinte conforme a cor indicada.

a) Quantas figuras você pintou de vermelho? _____
b) Quantas figuras você pintou de amarelo? _____
c) Há quantas figuras azuis? _____
d) E quantas verdes? _____

3 Fernando desenhou algumas figuras geométricas planas no caderno.

a) Em qual dos quadros a seguir as figuras estão colocadas na mesma ordem que as desenhadas por Fernando? Marque com um X.

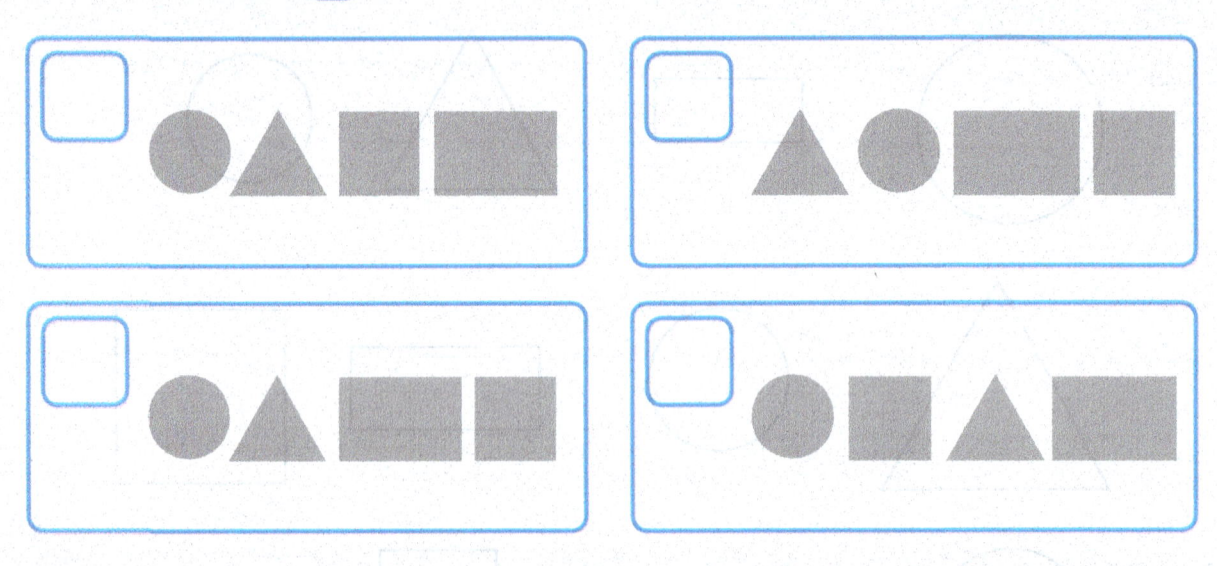

4 Veja, agora, como Fernando desenhou as sequências das figuras.

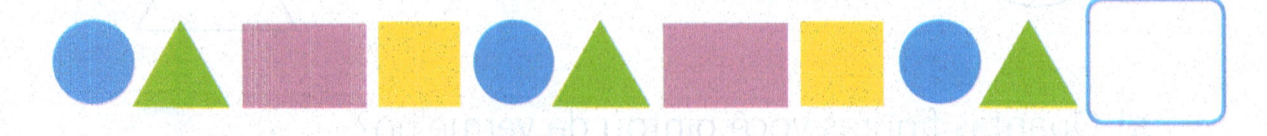

- Qual é a próxima figura que deve ser desenhada para continuar a fila de figuras? Marque um X.

5 Desenhe um quadrado e um retângulo. Escreva seu nome no **exterior** do retângulo.

6 Desenhe um círculo e um triângulo. Escreva sua idade no **interior** do círculo.

LIÇÃO 15

NÚMEROS DE 50 A 99

Números de 50 a 59

Observe a representação do número 50.

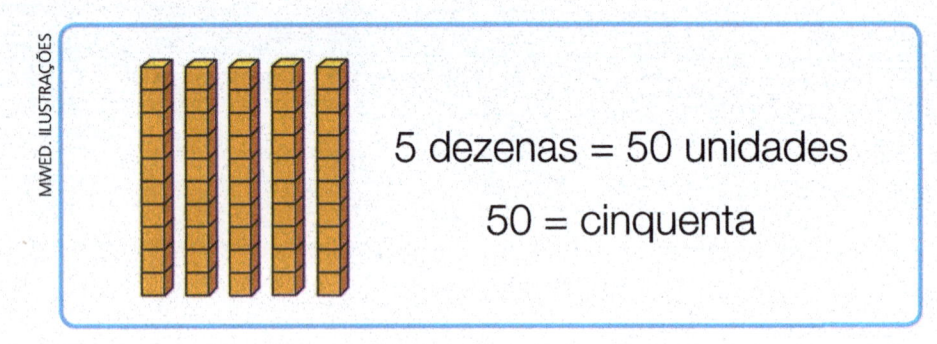

5 dezenas = 50 unidades

50 = cinquenta

Veja o exemplo e complete.

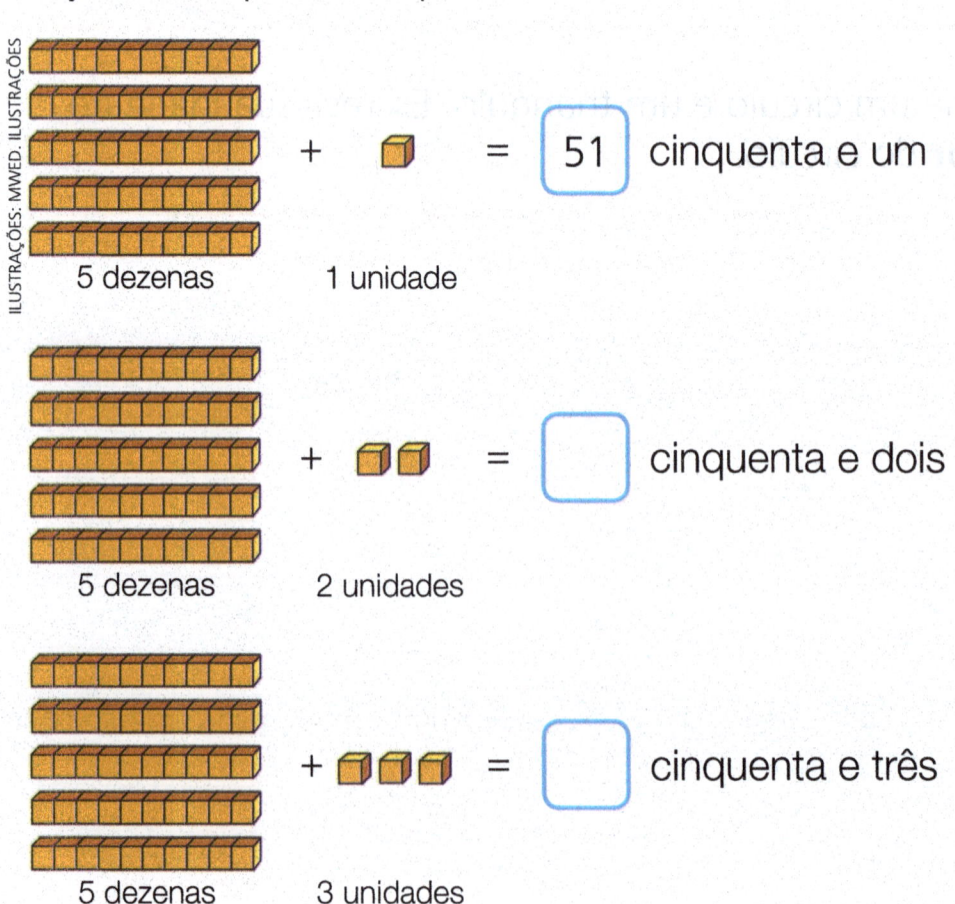

5 dezenas + 1 unidade = [51] cinquenta e um

5 dezenas + 2 unidades = [ ] cinquenta e dois

5 dezenas + 3 unidades = [ ] cinquenta e três

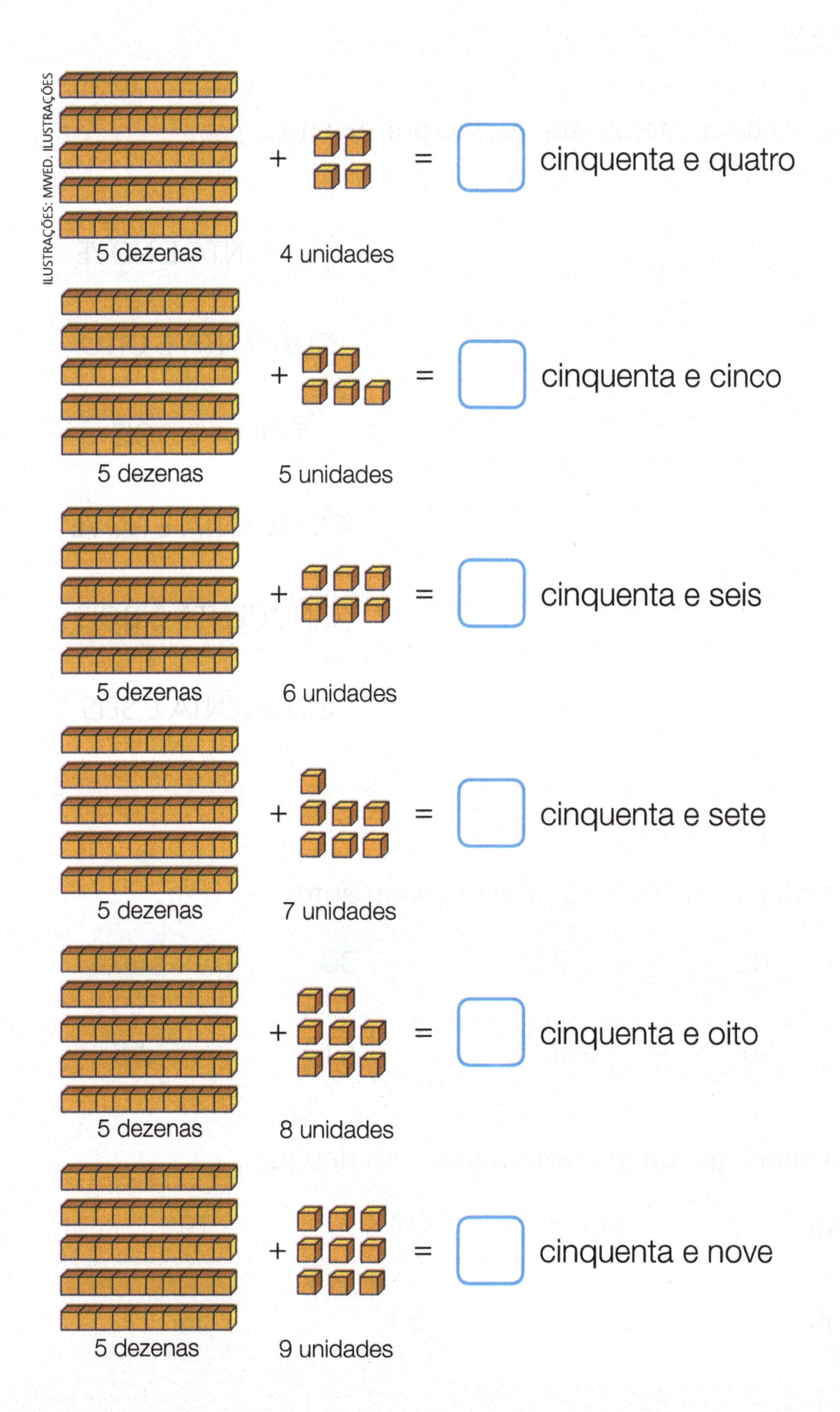

5 dezenas	+ 4 unidades	= ☐	cinquenta e quatro
5 dezenas	+ 5 unidades	= ☐	cinquenta e cinco
5 dezenas	+ 6 unidades	= ☐	cinquenta e seis
5 dezenas	+ 7 unidades	= ☐	cinquenta e sete
5 dezenas	+ 8 unidades	= ☐	cinquenta e oito
5 dezenas	+ 9 unidades	= ☐	cinquenta e nove

ATIVIDADES

1 Ligue cada número à sua escrita por extenso.

32	QUARENTA E NOVE
49	QUARENTA E OITO
52	TRINTA E DOIS
56	CINQUENTA E NOVE
59	CINQUENTA E DOIS
48	CINQUENTA E SEIS

2 Faça o que se pede.

a) Complete com o número que vem antes.

___	10		___	20		___	30		___	40

___	50		___	32		___	51		___	58

b) Complete com o número que vem depois.

49	___		39	___		29	___		19	___

50	___		37	___		53	___		58	___

3 Complete a sequência numérica.

[ ] [ ] [ ] 23 [ ] [ ] [ ] 19 [ ] [ ] [ ]
27 [ ] 50 [ ]
[ ] [ ] 14
[ ] 47 [ ] [ ] [ ] 43 [ ] [ ] [ ]
[ ] [ ] [ ]
31 [ ] [ ] 34 35 [ ] [ ] [ ] 39 [ ]
0 1 [ ] [ ] [ ] 6 [ ] [ ] [ ] 10

4 Complete conforme o modelo.

Cinquenta e dois

D	U
5	2

5 dezenas
2 unidades

a) Cinquenta e oito

D	U

[ ] dezenas
[ ] unidades

b) Cinquenta

D	U

[ ] dezenas
[ ] unidade

c) Cinquenta e seis

D	U

[ ] dezenas
[ ] unidades

125

Números de 60 a 69

Observe a representação do número 60.

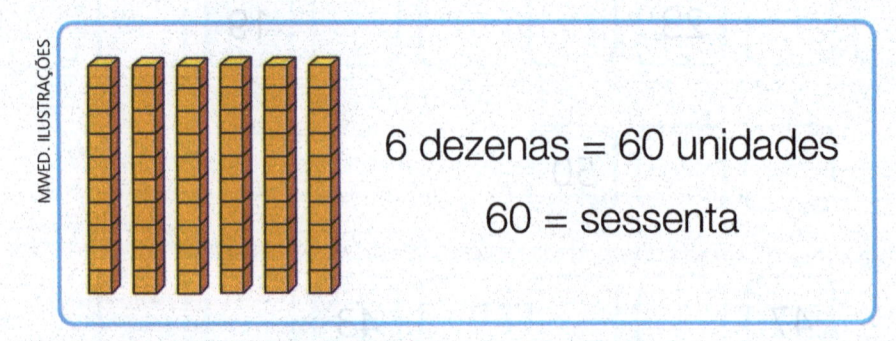

6 dezenas = 60 unidades

60 = sessenta

Veja o exemplo e complete.

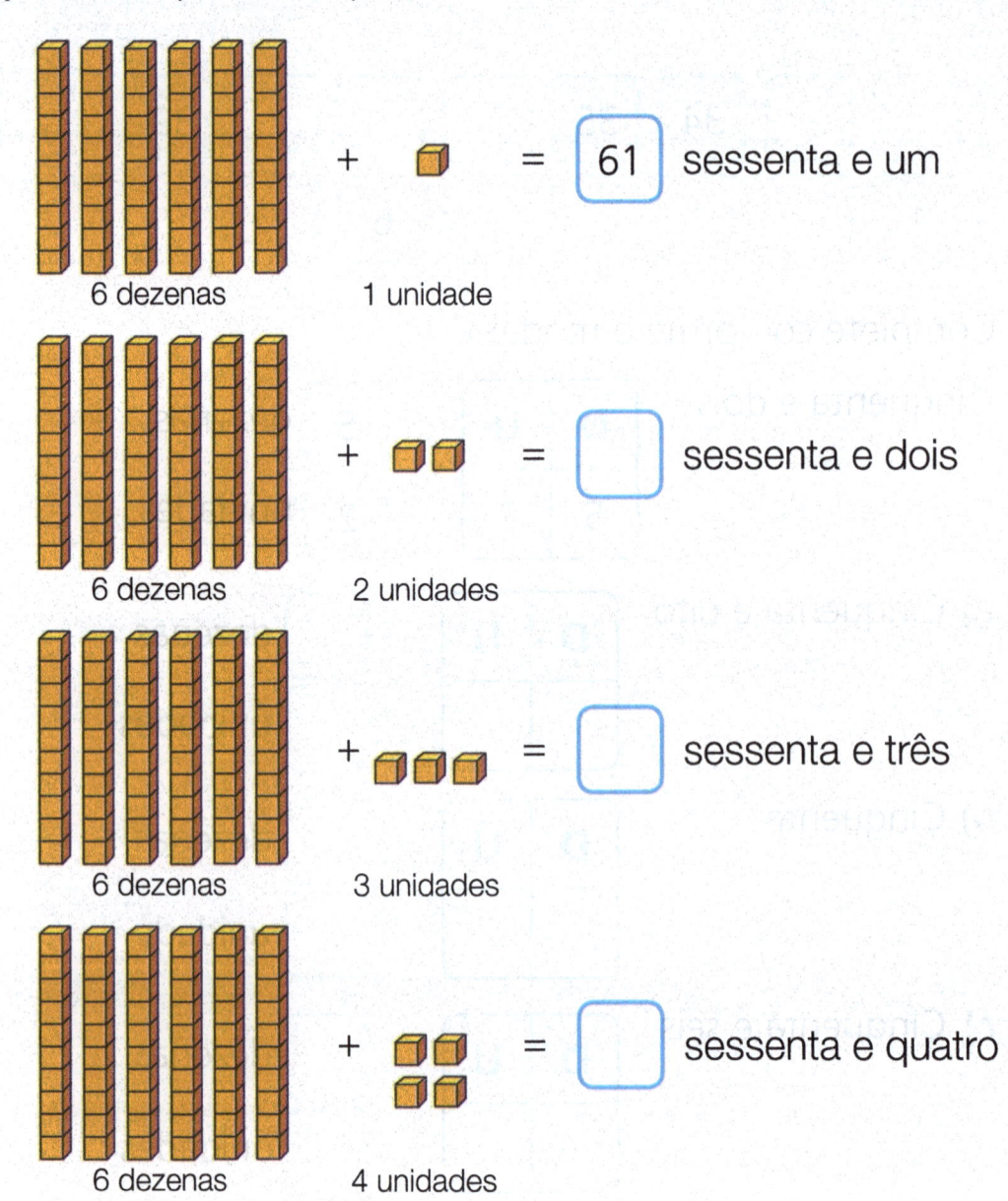

6 dezenas + 1 unidade = 61 sessenta e um

6 dezenas + 2 unidades = ☐ sessenta e dois

6 dezenas + 3 unidades = ☐ sessenta e três

6 dezenas + 4 unidades = ☐ sessenta e quatro

6 dezenas + 5 unidades = ☐ sessenta e cinco

6 dezenas + 6 unidades = ☐ sessenta e seis

6 dezenas + 7 unidades = ☐ sessenta e sete

6 dezenas + 8 unidades = ☐ sessenta e oito

6 dezenas + 9 unidades = ☐ sessenta e nove

ATIVIDADES

1 Continue a sequência.

60 61 ☐ ☐ ☐ ☐ ☐ ☐ ☐ ☐

2 Circule o número que representa a maior quantidade.

a) 66   ou   69   e) 61   ou   60

b) 65   ou   64   f) 67   ou   64

c) 63   ou   67   g) 60   ou   63

d) 68   ou   65   h) 64   ou   62

3 Escreva nos quadros os números correspondentes a:

a) 6 dezenas e 1 unidade   d) 6 dezenas e 3 unidades

D	U

D	U

b) 6 dezenas e 9 unidades   e) 6 dezenas e 7 unidades

D	U

D	U

c) 6 dezenas e 4 unidades   f) 6 dezenas

D	U

D	U

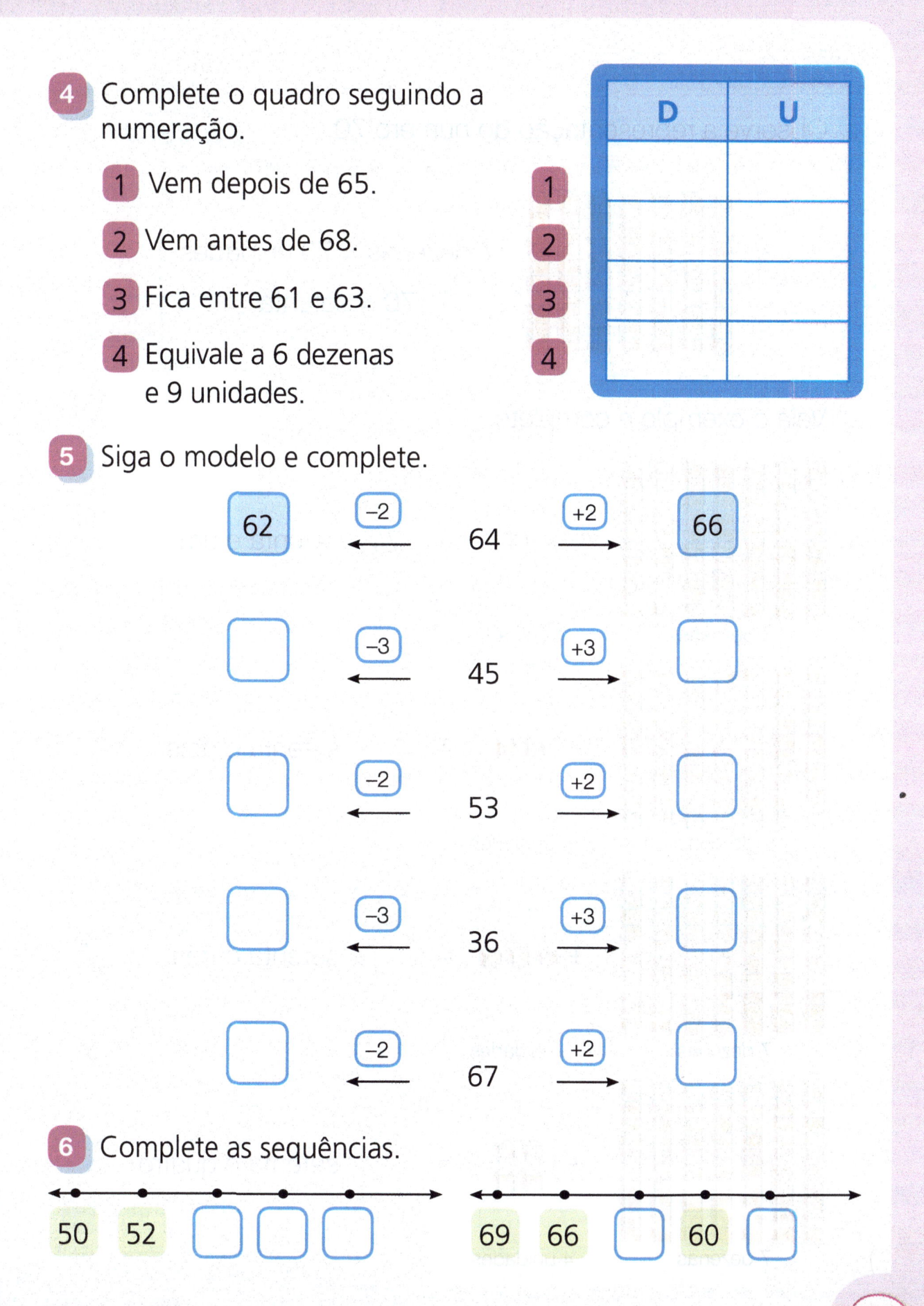

4 Complete o quadro seguindo a numeração.

1. Vem depois de 65.
2. Vem antes de 68.
3. Fica entre 61 e 63.
4. Equivale a 6 dezenas e 9 unidades.

	D	U
1		
2		
3		
4		

5 Siga o modelo e complete.

62 ←[−2]— 64 —[+2]→ 66

☐ ←[−3]— 45 —[+3]→ ☐

☐ ←[−2]— 53 —[+2]→ ☐

☐ ←[−3]— 36 —[+3]→ ☐

☐ ←[−2]— 67 —[+2]→ ☐

6 Complete as sequências.

50 — 52 — ☐ — ☐ — ☐

69 — 66 — ☐ — 60 — ☐

Números de 70 a 79

Observe a representação do número 70.

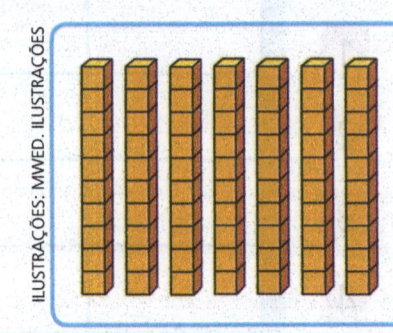

7 dezenas = 70 unidades

70 = setenta

Veja o exemplo e complete.

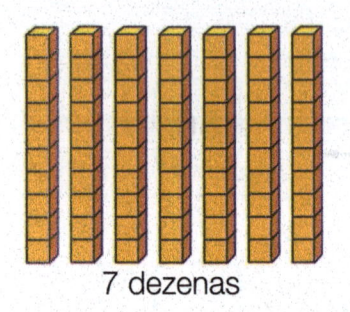

7 dezenas + 1 unidade = 71 setenta e um

7 dezenas + 2 unidades = ☐ setenta e dois

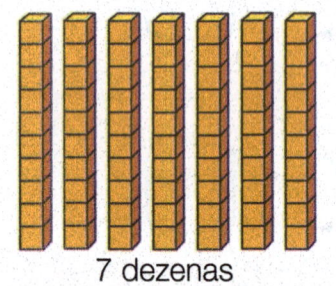

7 dezenas + 3 unidades = ☐ setenta e três

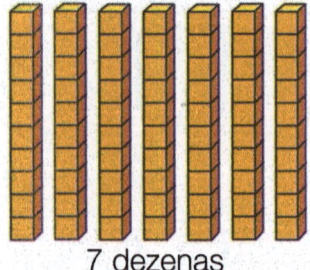

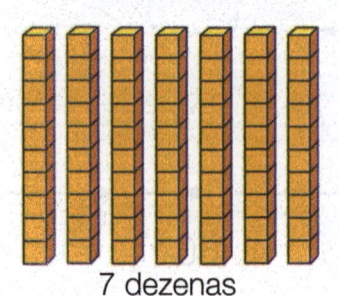

7 dezenas + 4 unidades = ☐ setenta e quatro

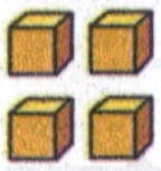

7 dezenas + 5 unidades = ☐ setenta e cinco

7 dezenas + 6 unidades = ☐ setenta e seis

7 dezenas + 7 unidades = ☐ setenta e sete

7 dezenas + 8 unidades = ☐ setenta e oito

7 dezenas + 9 unidades = ☐ setenta e nove

ATIVIDADES

1 Complete as sequências.

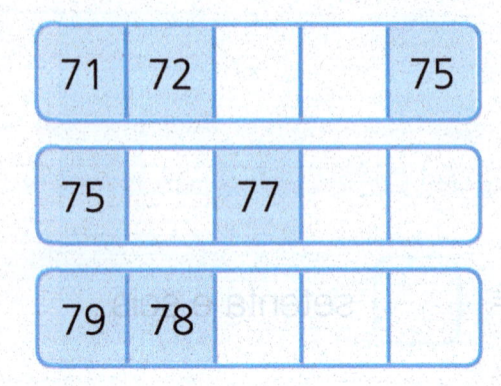

| 71 | 72 | | | 75 |

| 76 | | | 73 | |

| 75 | | 77 | | |

| 70 | | | | 74 |

| 79 | 78 | | | |

| 72 | | | | 76 |

2 Conte de 5 em 5 e escreva os números até 70.

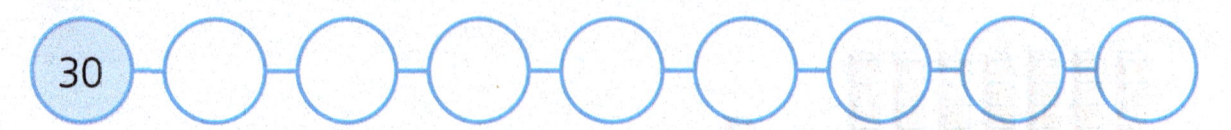

30 —○—○—○—○—○—○—○—○

3 Circule o número que representa a maior quantidade.

a) 72   ou   74

d) 76   ou   75

b) 79   ou   77

e) 70   ou   73

c) 75   ou   78

f) 78   ou   74

4 Ligue cada número à sua escrita por extenso.

76

SETENTA E CINCO

72

SETENTA E SEIS

75

SETENTA E OITO

78

SETENTA E DOIS

5 Represente os números nos quadros.

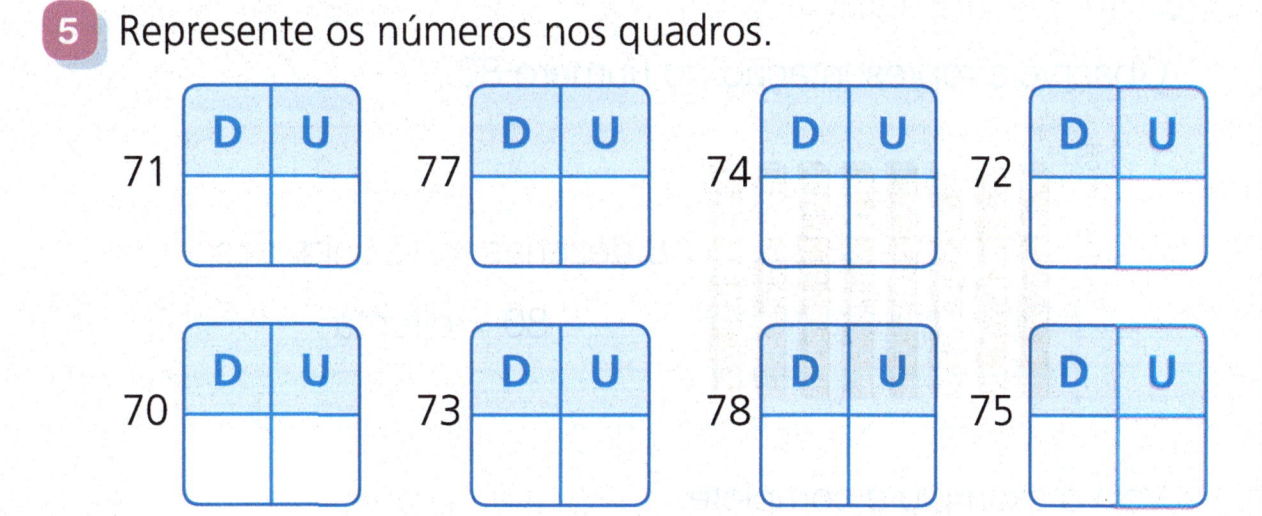

	D	U
71		

	D	U
77		

	D	U
74		

	D	U
72		

	D	U
70		

	D	U
73		

	D	U
78		

	D	U
75		

6 Complete com os números vizinhos.

	76				78	
	57				49	
	62				70	

DITADO DE NÚMEROS

Escreva os números que o professor ditar.

Números de 80 a 89

Observe a representação do número 80.

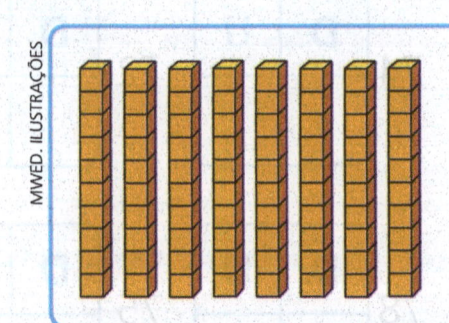

8 dezenas = 80 unidades

80 = oitenta

Veja o exemplo e complete.

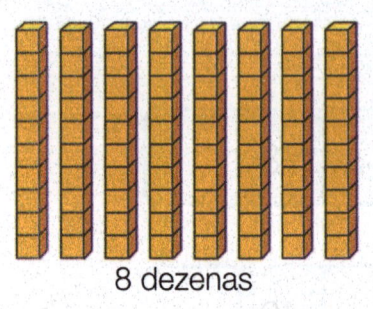

8 dezenas + 1 unidade = 81 oitenta e um

8 dezenas + 2 unidades = ☐ oitenta e dois

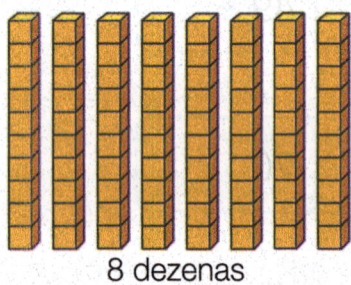

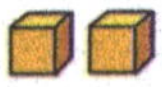

8 dezenas + 3 unidades = ☐ oitenta e três

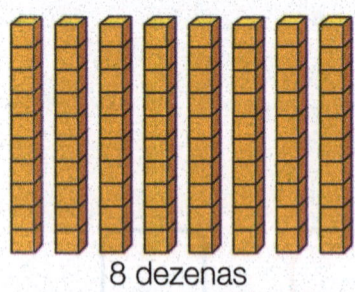

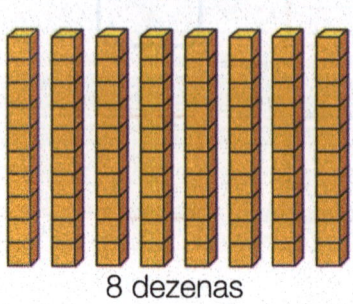

8 dezenas + 4 unidades = ☐ oitenta e quatro

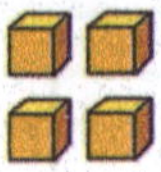

8 dezenas + 5 unidades = ☐ oitenta e cinco

8 dezenas + 6 unidades = ☐ oitenta e seis

8 dezenas + 7 unidades = ☐ oitenta e sete

8 dezenas + 8 unidades = ☐ oitenta e oito

8 dezenas + 9 unidades = ☐ oitenta e nove

ATIVIDADES

1 Represente os números nos quadros.

	D	U
81		

	D	U
87		

	D	U
84		

	D	U
82		

	D	U
80		

	D	U
83		

	D	U
88		

	D	U
85		

2 Observe os números a seguir e responda às questões.

82   87
85   86   80

a) Qual é o número que representa a maior quantidade? ☐

b) Qual é o número que representa a menor quantidade? ☐

c) Qual é o número que vem imediatamente antes de 87? ☐

d) Qual é o número que vem imediatamente depois de 84? ☐

e) Qual é o número que tem 8 dezenas e 2 unidades? ☐

3 Complete com o número que vem imediatamente antes de:

☐ 50   ☐ 60   ☐ 70   ☐ 80

4 Escreva os números que faltam para completar as sequências.

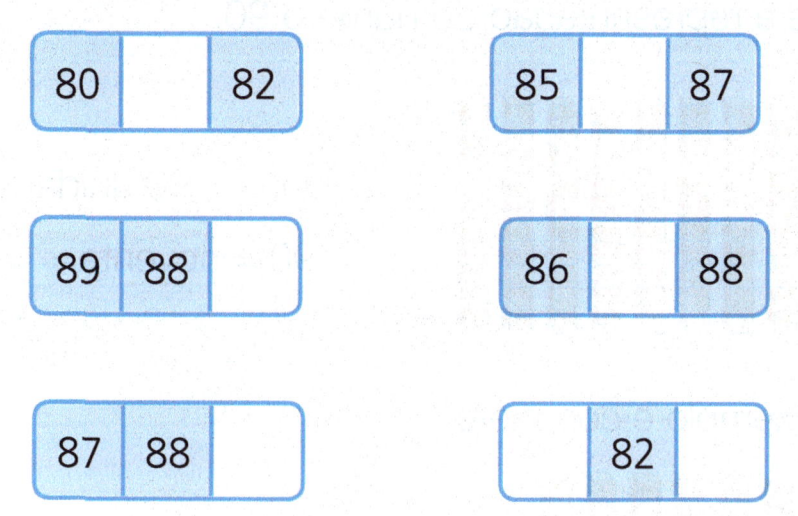

| 80 | | 82 |

| 85 | | 87 |

| 89 | 88 | |

| 86 | | 88 |

| 87 | 88 | |

| | 82 | |

5 Em cada lado do caminho há números.

Pinte-os seguindo a legenda:

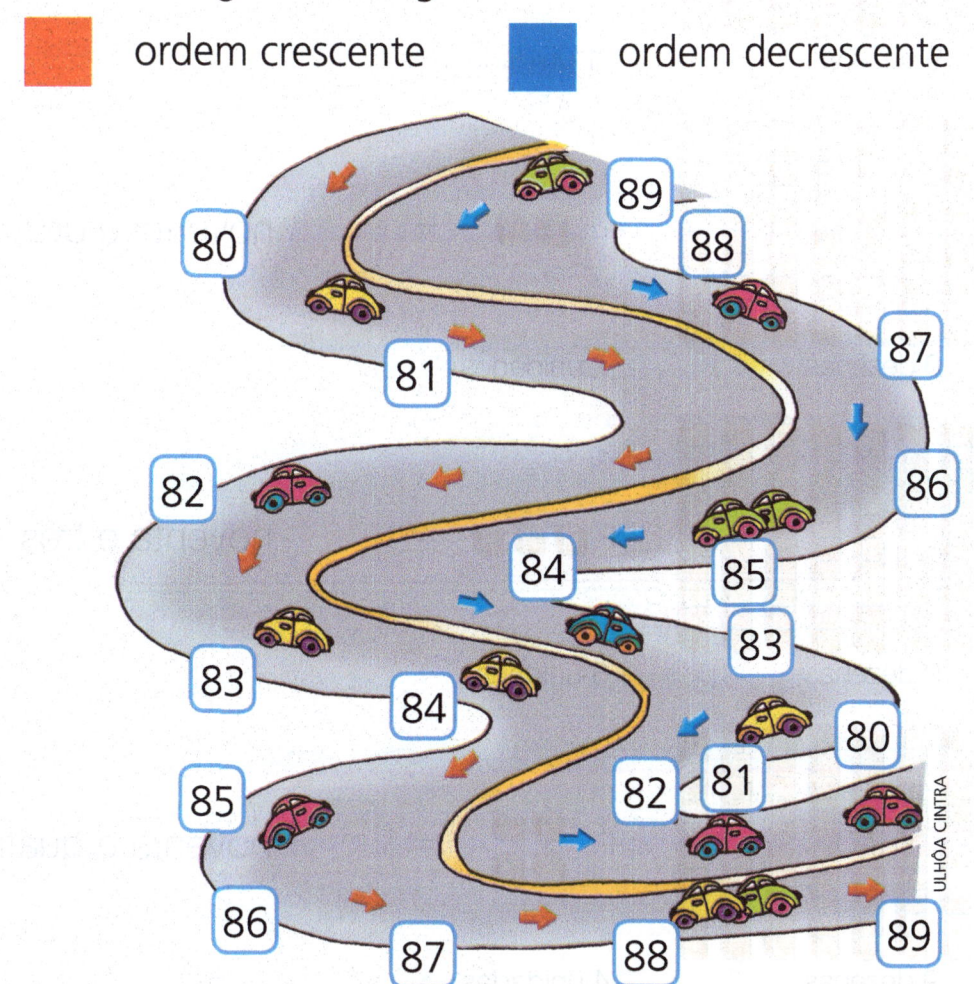

■ ordem crescente   ■ ordem decrescente

80, 81, 82, 83, 84, 85, 86, 87, 88, 89

89, 88, 87, 86, 85, 84, 83, 82, 81, 80

137

Números de 90 a 99

Observe a representação do número 90.

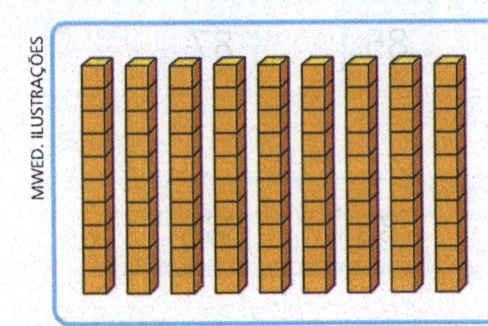

9 dezenas = 90 unidades

90 = noventa

Veja o exemplo e complete.

9 dezenas + 1 unidade = 91 noventa e um

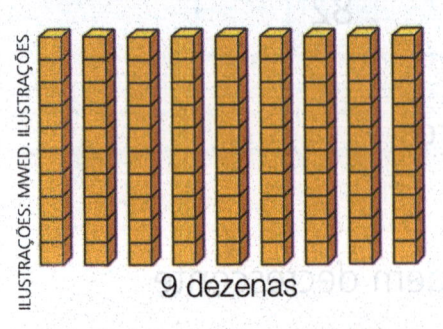

9 dezenas + 2 unidades = ☐ noventa e dois

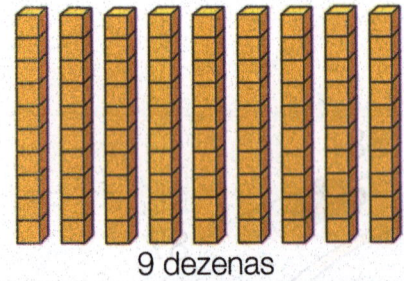

9 dezenas + 3 unidades = ☐ noventa e três

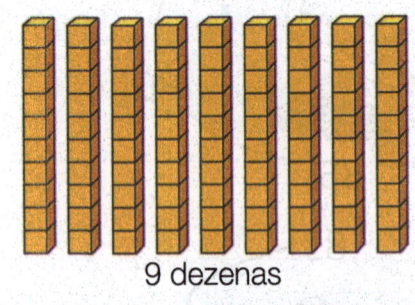

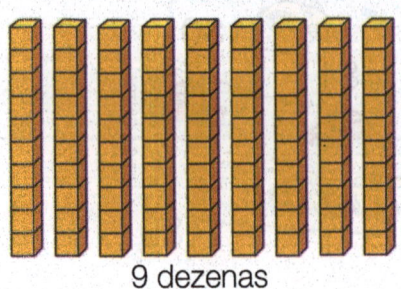

9 dezenas + 4 unidades = ☐ noventa e quatro

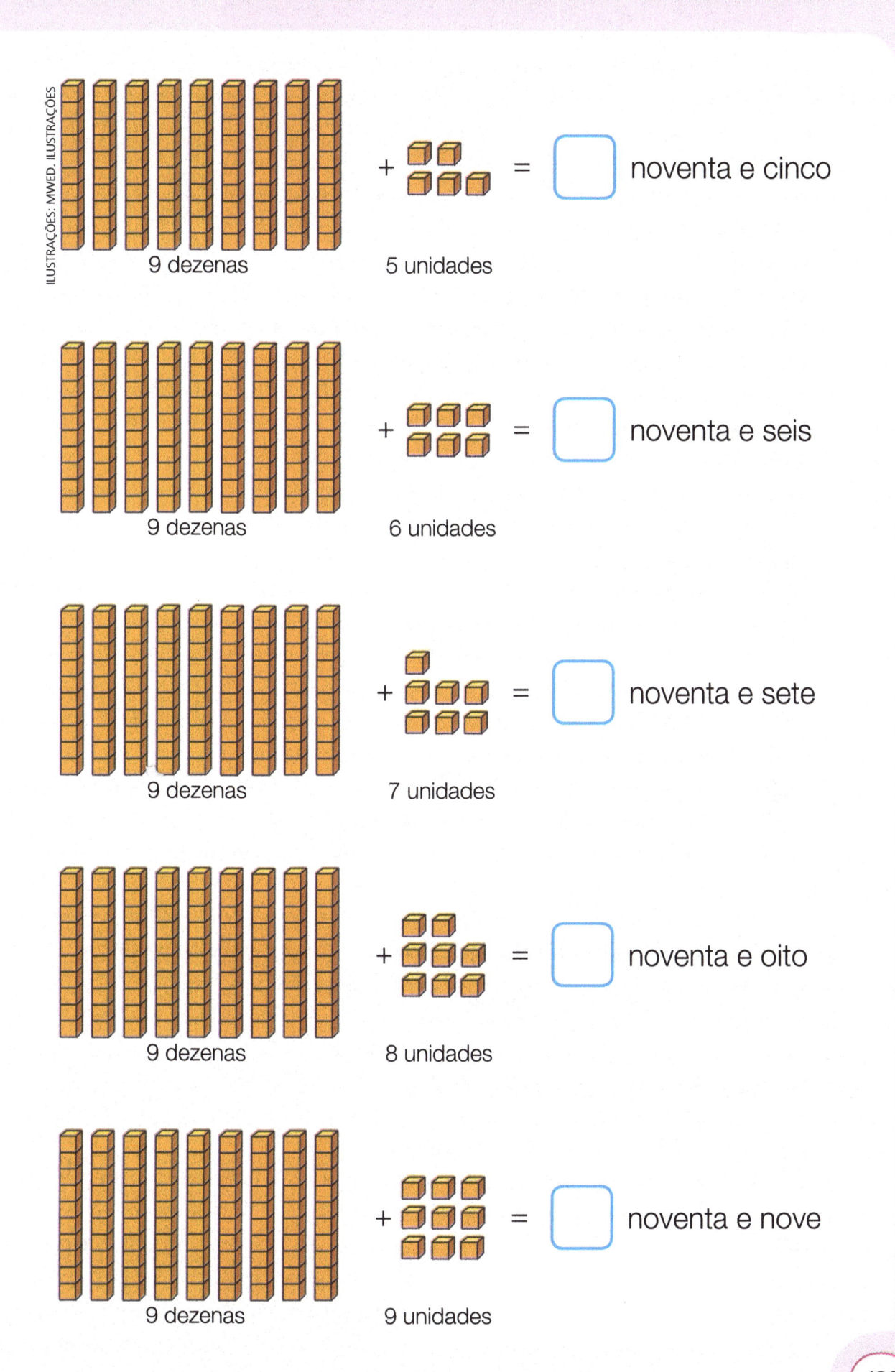

9 dezenas + 5 unidades = ☐ noventa e cinco

9 dezenas + 6 unidades = ☐ noventa e seis

9 dezenas + 7 unidades = ☐ noventa e sete

9 dezenas + 8 unidades = ☐ noventa e oito

9 dezenas + 9 unidades = ☐ noventa e nove

ATIVIDADES

1 Complete.

- 90 — noventa
- 91 — noventa e _____
- 92 — _____ e dois
- 93 — noventa e _____
- 94 — _____ e quatro
- 95 — noventa e _____
- 96 — _____ e seis
- 97 — noventa e _____
- 98 — _____ e oito
- 99 — noventa e _____

2 Complete com o número que falta.

90 + ☐ = 92   90 + ☐ = 97

3 Escreva os números de 2 em 2.

50, ____, ____, ____, ____, ____, ____, ____, ____, ____, 70

70, ____, ____, ____, ____, ____, ____, ____, ____, ____, 90

4 Observe e ordene os números.

94 – 96 – 92 – 99 – 97 – 90 – 93 – 98 – 95 – 91

| 90 | 91 | | | | | | | | |

Os números acima estão em ordem:

☐ crescente.   ☐ decrescente.

5 Escreva os números vizinhos.

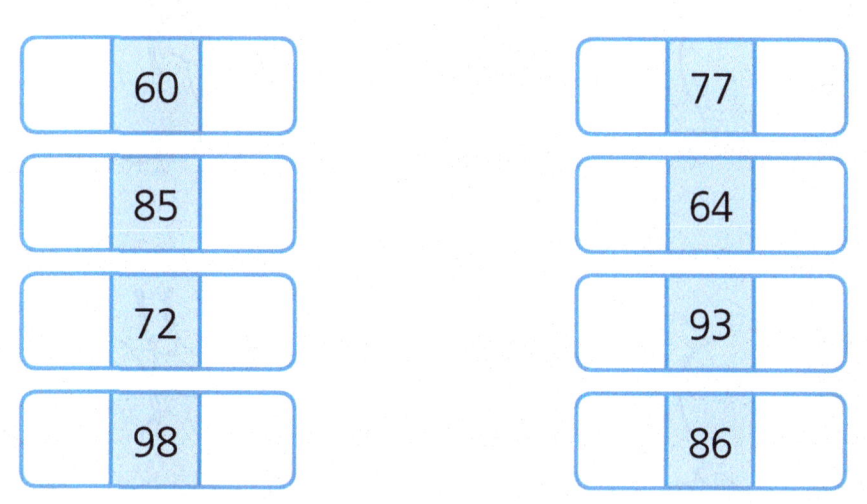

	60	
	85	
	72	
	98	

	77	
	64	
	93	
	86	

6 Complete a sequência das dezenas.

90
80

DITADO DE NÚMEROS

Escreva os números que o professor ditar.

ILUSTRAÇÃO: JOSÉ LUÍS JUHAS

LIÇÃO 16

DEZENAS EXATAS

Cada ramalhete tem 10 flores.

10 UNIDADES É IGUAL A **1 DEZENA**.	20 UNIDADES É IGUAL A **2 DEZENAS**.	30 UNIDADES É IGUAL A **3 DEZENAS**.
40 UNIDADES É IGUAL A **4 DEZENAS**.	50 UNIDADES É IGUAL A **5 DEZENAS**.	60 UNIDADES É IGUAL A **6 DEZENAS**.
70 UNIDADES É IGUAL A **7 DEZENAS**.	80 UNIDADES É IGUAL A **8 DEZENAS**.	90 UNIDADES É IGUAL A **9 DEZENAS**.

ATIVIDADES

1 Em cada barrinha há uma dezena de cubinhos. Observe o exemplo e complete.

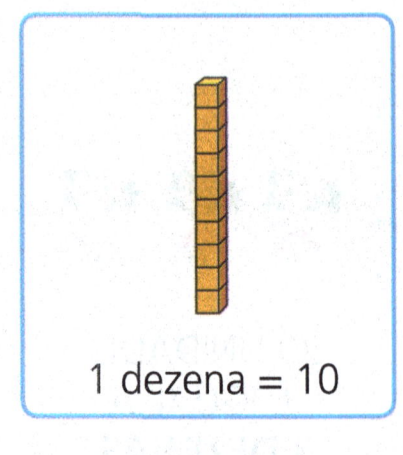

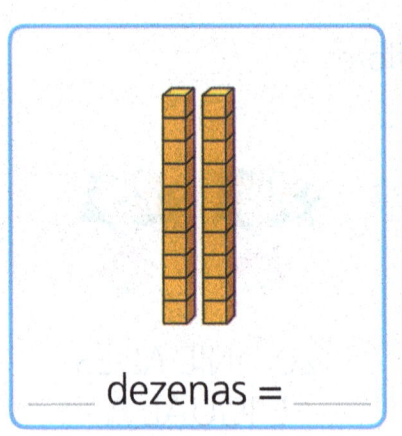

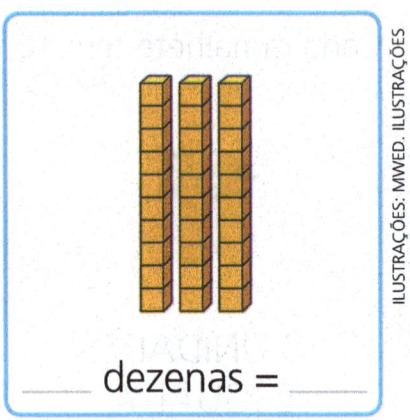

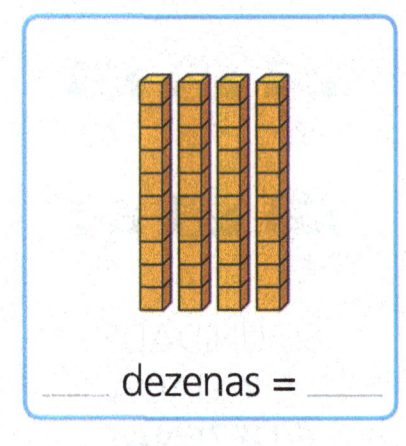

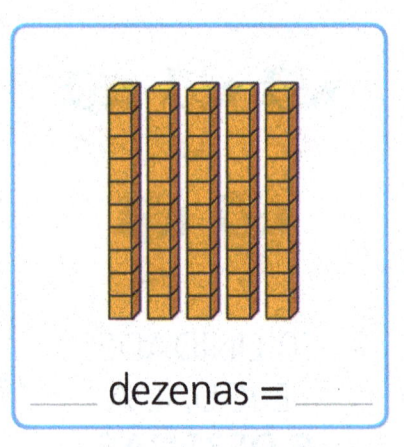

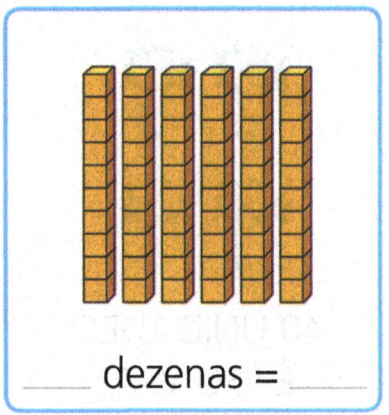

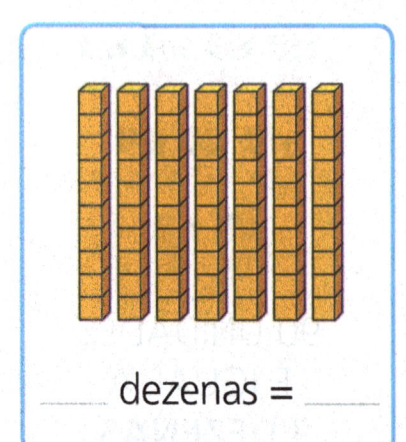

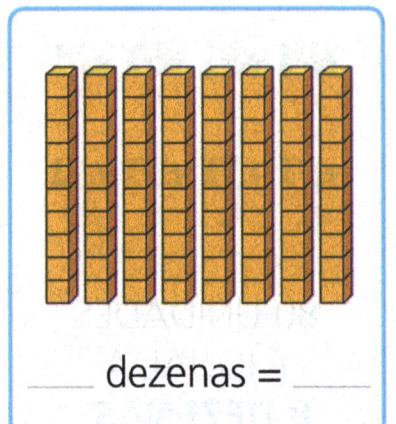

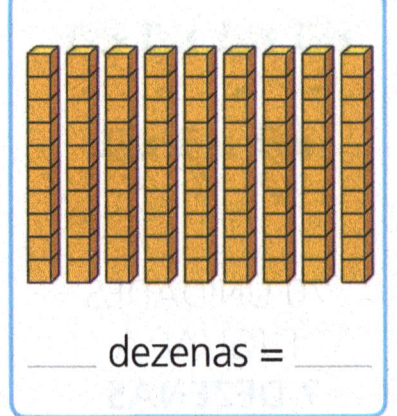

1 dezena = 10	___ dezenas = ___	___ dezenas = ___
___ dezenas = ___	___ dezenas = ___	___ dezenas = ___
___ dezenas = ___	___ dezenas = ___	___ dezenas = ___

2 As varetas estão reunidas em grupos de 10. Ligue os grupos aos números correspondentes.

30

50

40

20

10

3 Observe os números dos quadros e escreva-os em ordem decrescente.

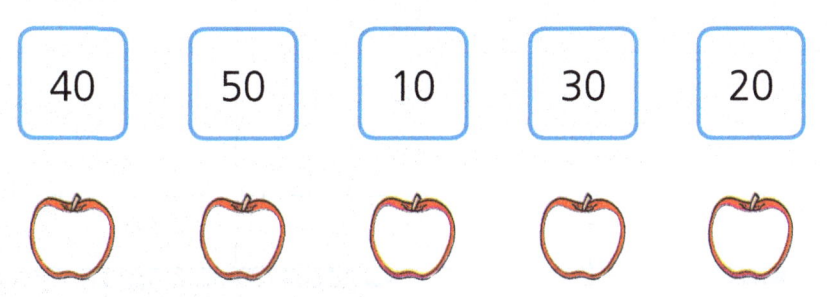

| 40 | 50 | 10 | 30 | 20 |

145

4 Relacione.

5 DEZENAS		30 UNIDADES
3 DEZENAS		40 UNIDADES
1 DEZENA		50 UNIDADES
4 DEZENAS		20 UNIDADES
2 DEZENAS		10 UNIDADES

5 Complete o quadro com a dezena anterior e a dezena posterior.

DEZENA ANTERIOR	DEZENA	DEZENA POSTERIOR
	20	
	60	
	30	
	40	
	80	

Composição e decomposição com dezenas exatas

Observe o que os alunos da Escola do Bairro descobriram brincando com o Material Dourado.

4 + 2 = 6

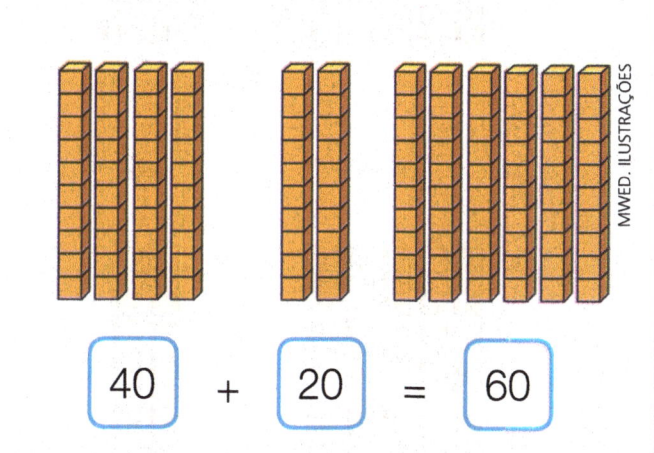

40 + 20 = 60

- Com base nessa descoberta, complete.

4 unidades + _____ unidades = _____ unidades ⟶

⟶ _____ + _____ = _____

_____ dezenas + _____ dezenas = _____ dezenas ⟶

⟶ _____ + _____ = _____

ATIVIDADES

1 Conte as bolinhas e complete.

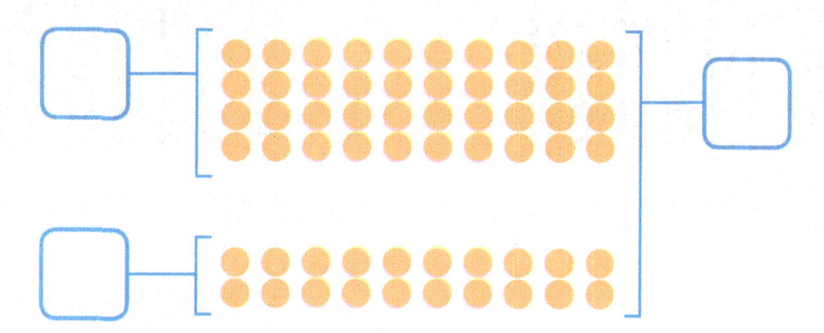

2 Complete.

a) 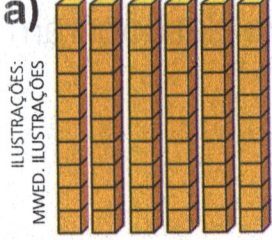 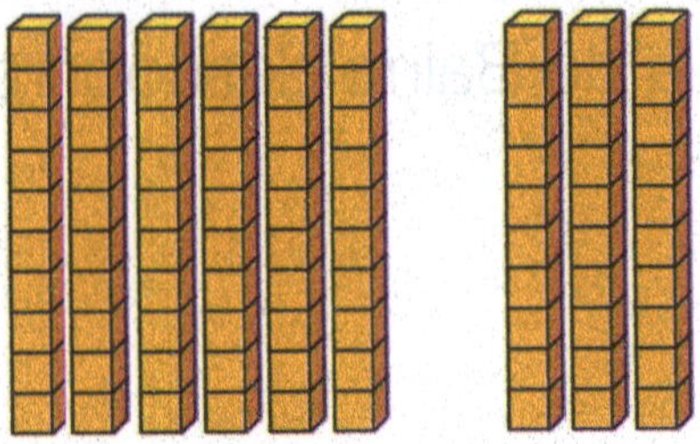 ☐ + ☐ = ☐

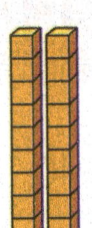

b) 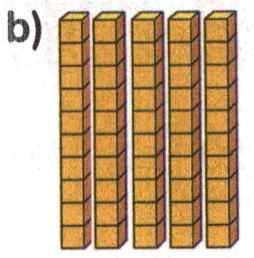 ☐ + ☐ = ☐

3 Calcule.

a) 90 = 40 + _____

b) 90 = 20 + _____

c) 90 = _____ + 60

d) 90 = _____ + 80

4 Escreva as subtrações.

a) 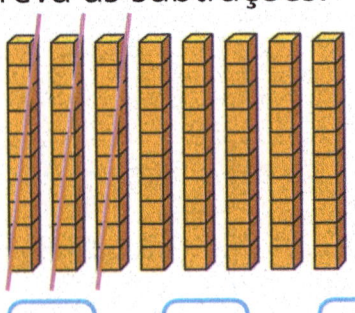 80 − ☐ = 50

b) 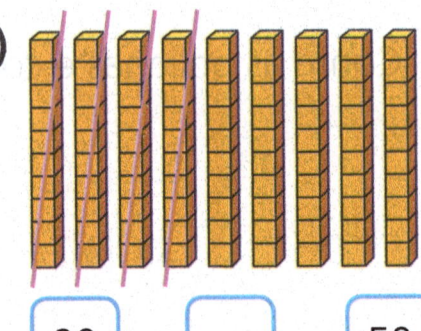 90 − ☐ = 50

5 Observe o valor de cada ficha de um jogo que Paloma estava jogando com seus amigos.

10 pontos 20 pontos 30 pontos 40 pontos

- Calcule quantos pontos cada amigo de Paloma obteve em uma das rodadas.

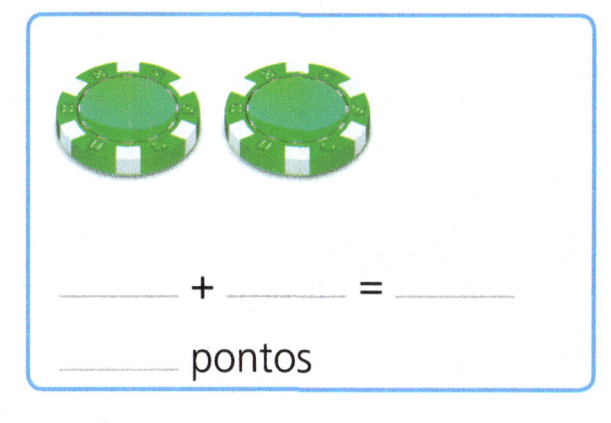

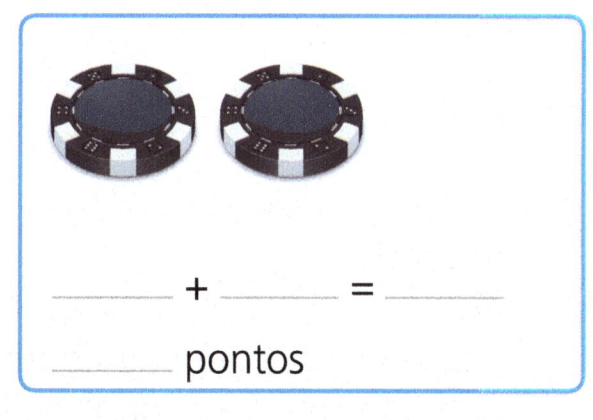

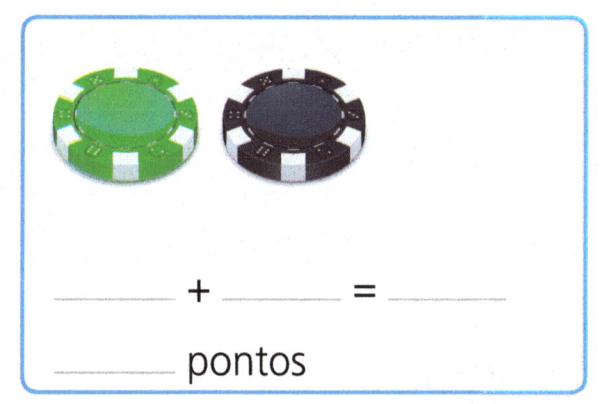

_____ + _____ = _____
_____ pontos

_____ + _____ = _____
_____ pontos

_____ + _____ = _____
_____ pontos

_____ + _____ = _____
_____ pontos

_____ + _____ = _____
_____ pontos

_____ + _____ = _____
_____ pontos

PROBLEMAS

1) Em uma campanha para doação de roupas, foram arrecadadas 40 blusas e 30 calças. No total, foram arrecadadas quantas peças de roupas?

Resposta: _____.

2) A quadrilha da escola para dançar a festa junina tinha 40 alunos do 1º ano e 50 alunos do 2º ano. Quantos alunos dançaram a quadrilha?

Resposta: _____.

3) Juca tem um álbum de figurinhas de personagens de desenho animado com 50 figurinhas. Ele ganhou mais 20 figurinhas não repetidas de um colega. Com quantas figurinhas Juca ficou?

Resposta: _____.

4) Em um gatil havia 40 gatos. Duas dezenas deles foram levadas para uma grande feira de adoção. Quantos gatos ficaram no gatil?

Resposta: _____.

Gatil é o lugar de criação, hospedagem ou comercialização de gatos.

5) Em um lago havia 60 peixes. Foram retirados 30 peixes desse lago e levados para outro lago. Quantos peixes restaram no lago?

Resposta: _____.

6) Ana é vendedora de picolés na praia. Certo dia, ela levou 80 picolés e vendeu 70 deles. Quantos picolés sobraram?

Resposta: _____.

151

EU GOSTO DE APRENDER MAIS

1 Leia o texto.

> Caíque coletou 3 dezenas de embalagens de plástico para reciclagem. Alice coletou 5 dezenas. Eles foram juntos, a um posto de coleta, entregar as embalagens que coletaram.

a) Use as informações que aparecem no texto e elabore uma pergunta para essa situação.

___

> Ao ler o texto acima e, logo depois, a pergunta que você elaborou, estamos lendo uma situação que chamamos **problema**.

b) Releia o texto da situação com a pergunta que você criou. Agora, resolva o problema e responda.

2 Na festa de aniversário de Sabrina havia 3 dezenas de balões azuis e 6 dezenas de balões amarelos.

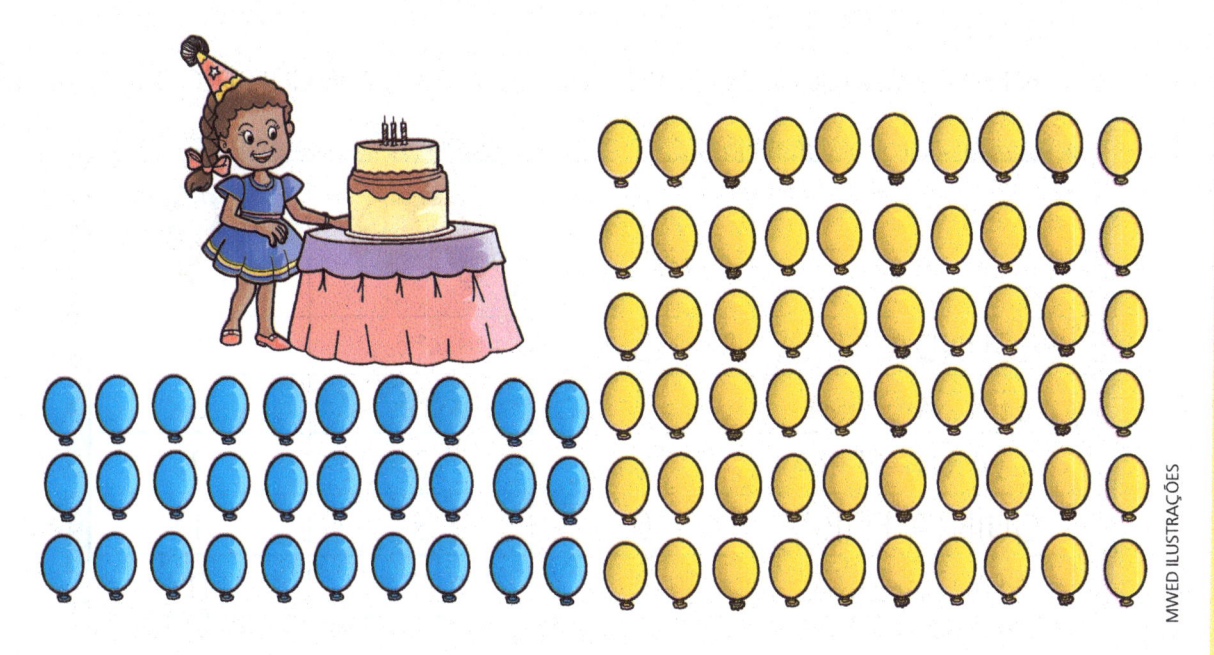

a) Escreva uma pergunta que, para ser respondida, seja possível utilizar as informações acima.

_____
_____

b) Reescreva a seguir a frase que está no alto da página e acrescente a pergunta que você elaborou.

_____
_____
_____

c) Agora, resolva no caderno o problema no caderno.

INFORMAÇÃO E ESTATÍSTICA

1 A professora do 1º ano organizou uma doação de brinquedos para uma instituição.
Observe os brinquedos que foram arrecadados durante a semana.

	⚽	🚗	👧
SEGUNDA-FEIRA	3	1	4
TERÇA-FEIRA	8	6	6
QUARTA-FEIRA	5	2	2
QUINTA-FEIRA	0	3	1
SEXTA-FEIRA	4	5	0

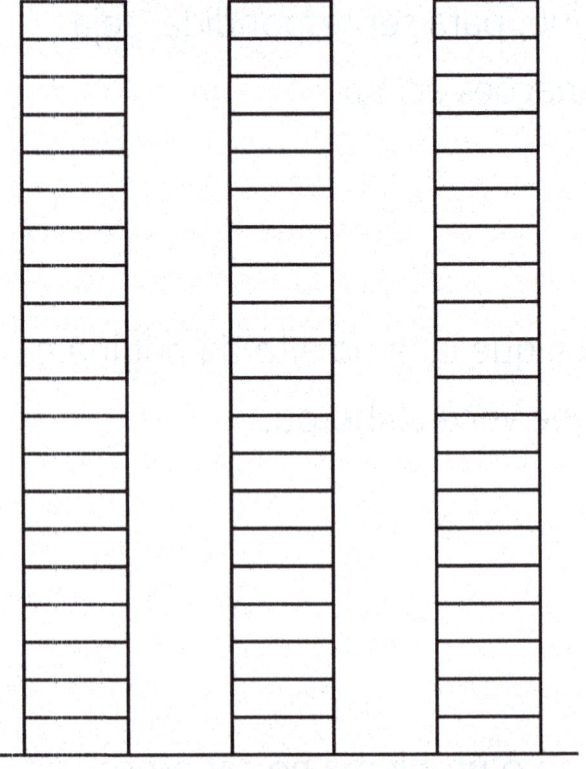

Organize as informações da tabela construindo o gráfico ao lado. Pinte 1 quadrinho para cada brinquedo conforme a legenda.

a) Quantas bolas foram arrecadadas durante a semana?

_____

b) Qual é o brinquedo que foi arrecadado em menor quantidade?

_____

2 Guilherme tem duas lojas de brinquedos. Para controlar as vendas, ele organiza em gráficos a quantidade de brinquedos vendidos em cada loja. Nos gráficos, cada quadrinho representa uma unidade. Veja como ficaram os gráficos desta semana:

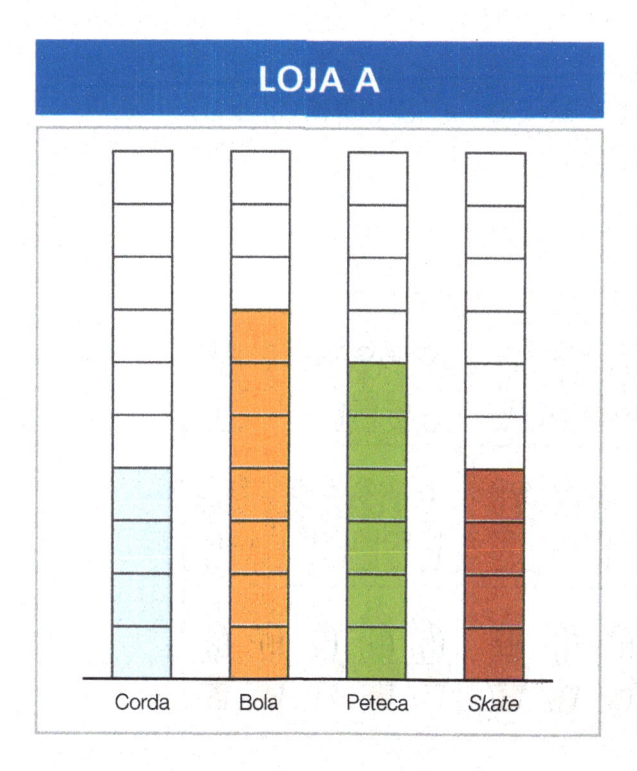

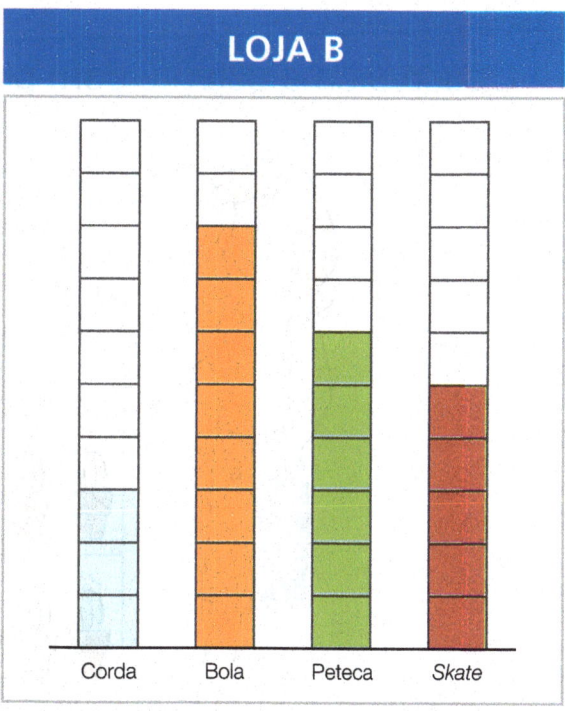

a) Quantas cordas Guilherme vendeu considerando as duas lojas? _____

b) Um dos brinquedos teve a mesma quantidade vendida nas duas lojas. Qual é esse brinquedo? _____

c) Quantos brinquedos a loja **A** vendeu no total? _____

d) Quantos brinquedos a loja **B** vendeu no total? _____

e) Qual loja vendeu mais brinquedos? Quantos brinquedos ela vendeu a mais do que a outra? _____

LIÇÃO 17
ADIÇÃO E SUBTRAÇÃO ATÉ 99

Adição até 99

Observe uma estante com plantas de uma floricultura.

Nessas prateleiras há 25 vasos de flores e 12 vasos de cactos. Quantos vasos há ao todo nessa estante?

Para resolver esse problema, precisamos juntar a quantidade de vasos de flores com a de vasos de cactos:

$$25 + 12 = 37$$

parcela parcela soma ou total

Veja como efetuar a adição 25 + 12.

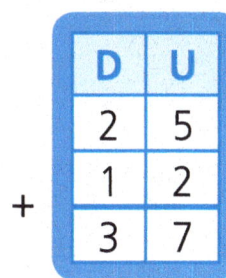

	D	U
	2	5
+	1	2
	3	7

- Somamos as unidades:
  5 + 2 = 7 ⟶ 7 unidades
- Somamos as dezenas:
  2 + 1 = 3 ⟶ 3 dezenas
  Assim, chegamos à resposta do problema.
  Há, ao todo, 37 vasos nessa estante.

> Chamamos cada um dos números somados de **parcela** e o resultado de **soma**.

Agora, veja como podemos realizar a mesma adição utilizando o Material Dourado.

Não esqueça:

- Cada ▢ é igual a 1 unidade.

- Cada ▭ vale uma dezena, ou seja, é igual a 10.

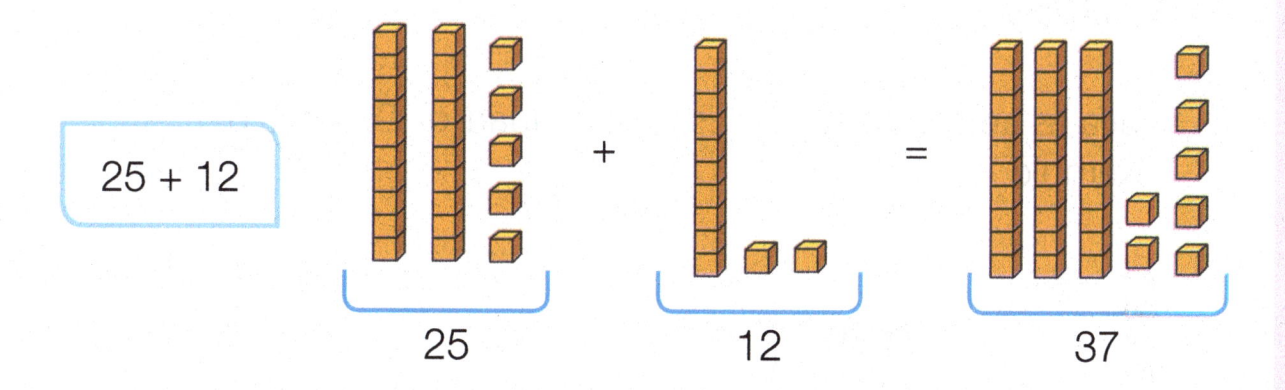

25 + 12

25 + 12 = 37

Veja:
Obtemos 3 ▭ com 7 ▢, que é o mesmo que 37.
Portanto, há 37 vasos de plantas na estante.

Veja outros exemplos.

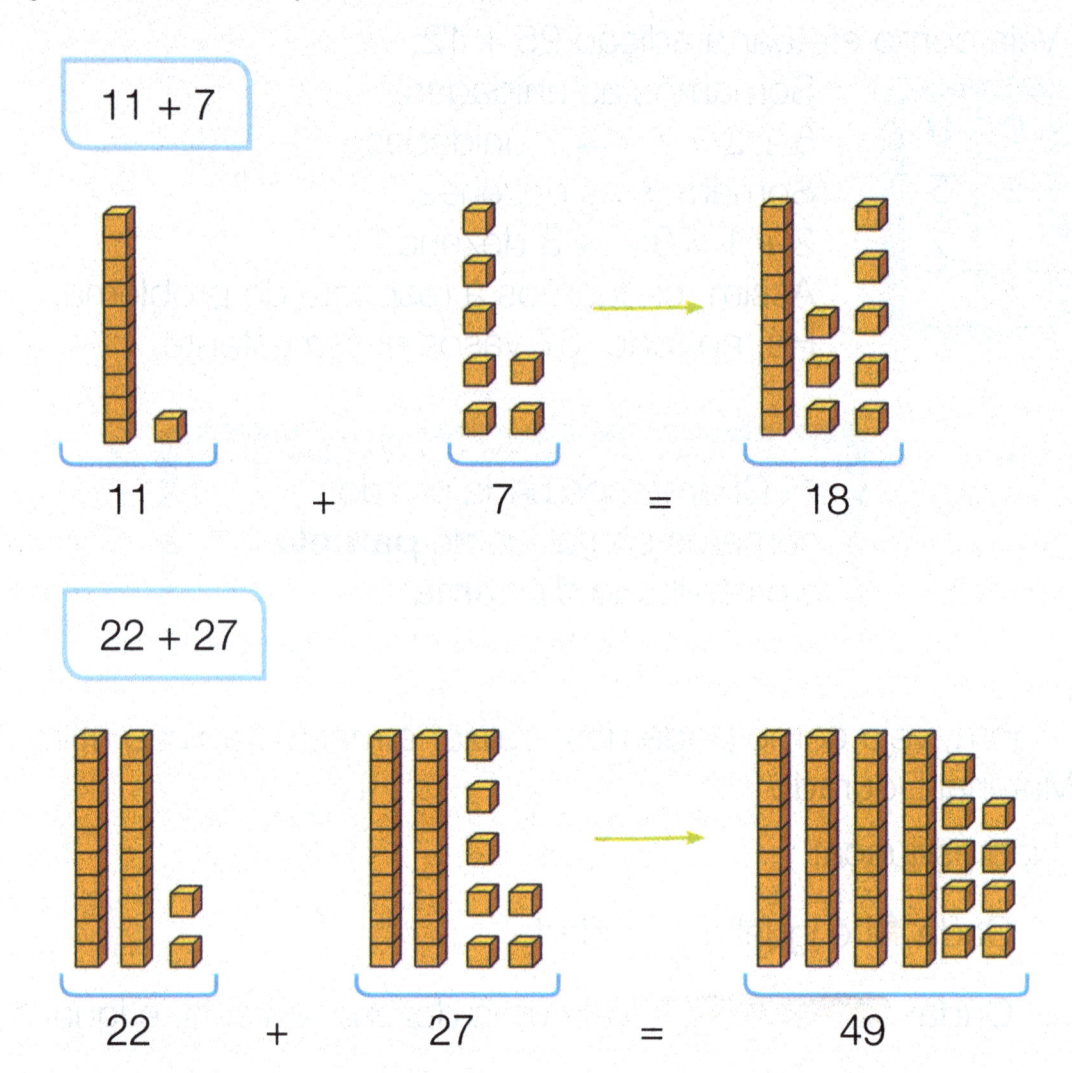

11 + 7

11 + 7 = 18

22 + 27

22 + 27 = 49

ATIVIDADES

1 Faça as adições a seguir usando o quadro. Observe o exemplo.

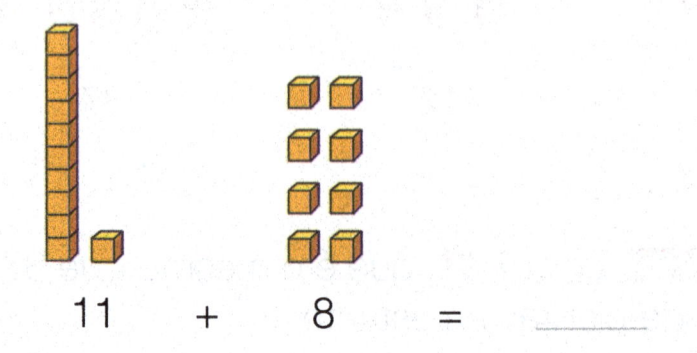

11 + 8 = _____

D	U
1	1
	8

22 + 15 = _____

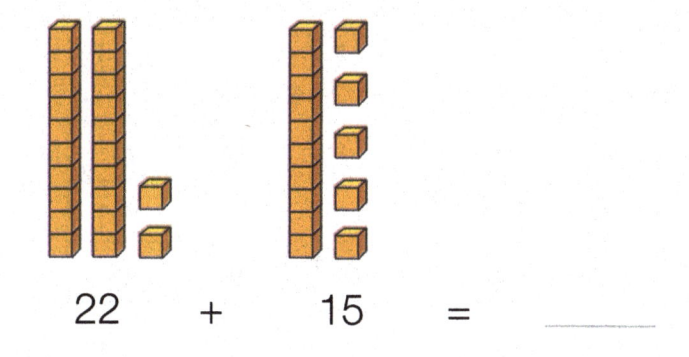

D	U
2	2
1	5

23 + 15 = _____

D	U
2	3
1	5

12 + 24 = _____

D	U
1	2
2	4

30 + 7 = _____

D	U
3	0
	7

2 Efetue as adições.

D	U
5	6
+2	1

D	U
4	2
+2	6

D	U
6	4
+1	3

D	U
3	1
+3	8

D	U
5	1
+3	5

D	U
6	6
+2	1

D	U
4	2
+2	3

D	U
4	1
+3	3

D	U
5	4
+3	4

D	U
4	2
+3	6

D	U
4	2
+3	0

D	U
2	0
+2	8

3 Calcule mentalmente e coloque o resultado no quadrinho.

65 + 2 = ☐ 58 + 1 = ☐ 54 + 4 = ☐

35 + 3 = ☐ 76 + 3 = ☐ 66 + 2 = ☐

28 + 1 = ☐ 42 + 5 = ☐ 94 + 3 = ☐

Subtração até 99

Observe a estante de um mercado antes e depois do meio-dia.

Antes do meio-dia   Depois do meio-dia

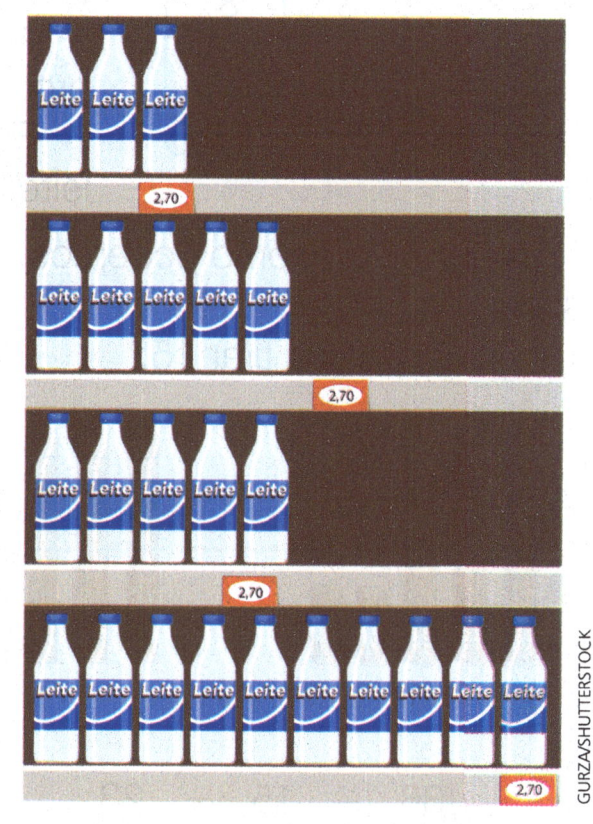

Na estante havia 38 litros de leite antes do meio-dia. Foram vendidos 15 litros. Quantos litros de leite ficaram na estante depois do meio-dia?

Para resolver esse problema, precisamos tirar da quantidade total de litros de leite que havia na estante antes do meio-dia a quantidade de litros de leite que foram vendidos.

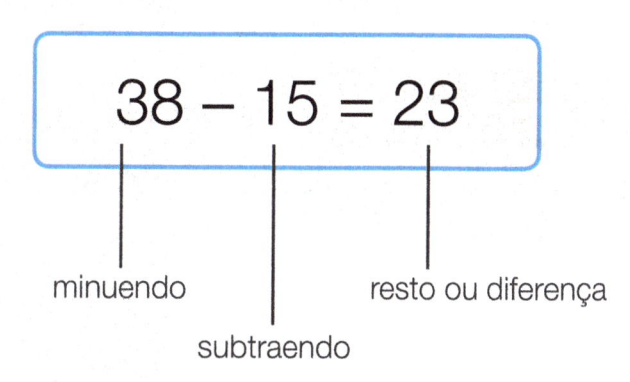

$$38 - 15 = 23$$

minuendo — subtraendo — resto ou diferença

Veja como efetuar a seguinte subtração: 38 – 15

D	U
3	8
– 1	5
2	3

- Subtraímos as unidades: 8 – 5 = 3.
- Subtraímos as dezenas: 3 – 1 = 2.

Assim, chegamos à resposta do problema.

Ficaram na estante 23 litros de leite.

Agora, veja como podemos subtrair utilizando o Material Dourado.

De 38 vamos tirar 15:

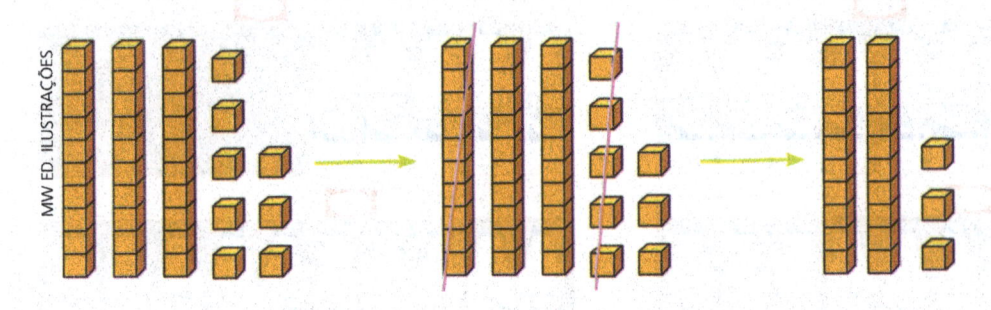

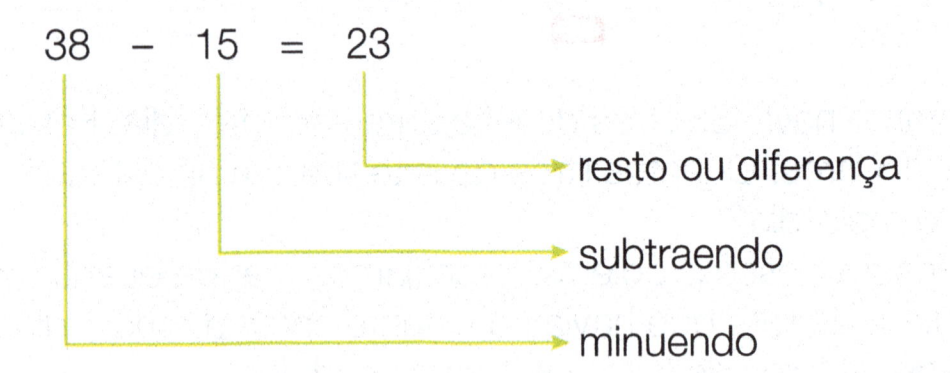

38 – 15 = 23

→ resto ou diferença

→ subtraendo

→ minuendo

Veja:

Restaram ▧▧ com ▫▫▫, que é o mesmo que 23.

Portanto, ficaram na estante 23 litros de leite depois do meio-dia.

Veja outros exemplos.

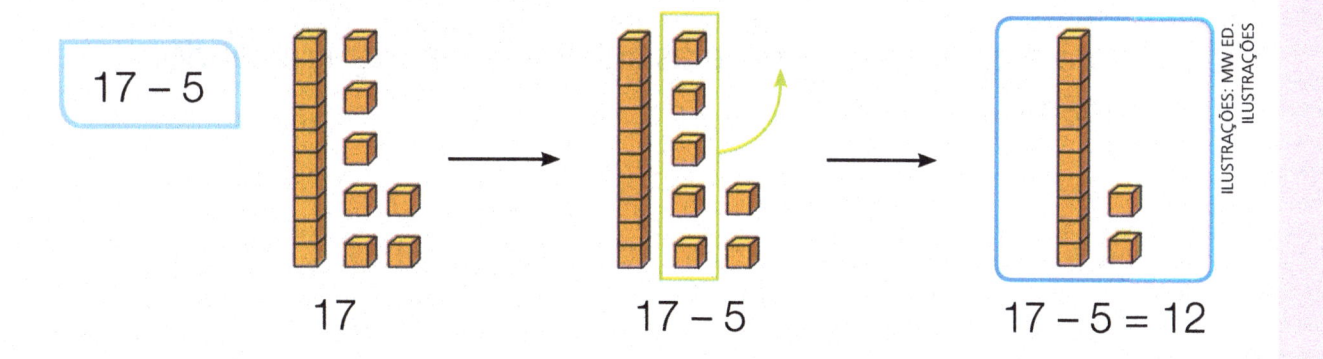

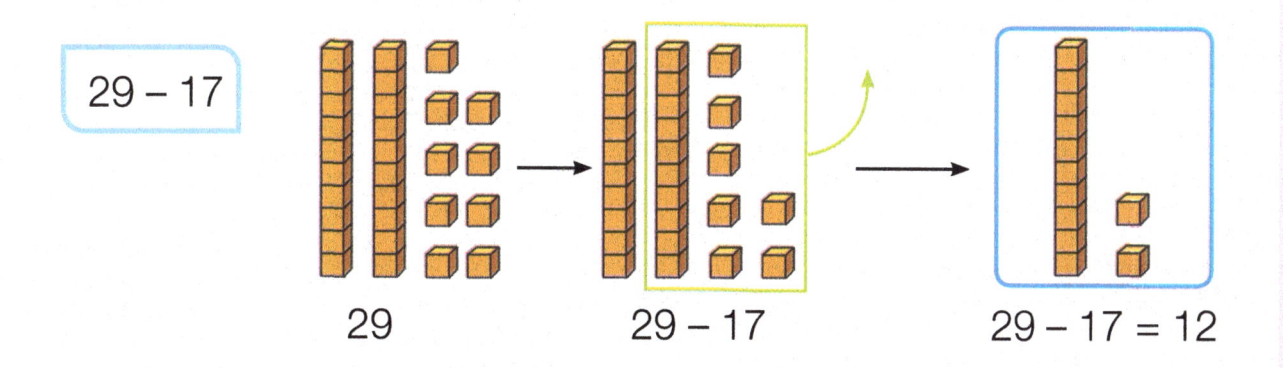

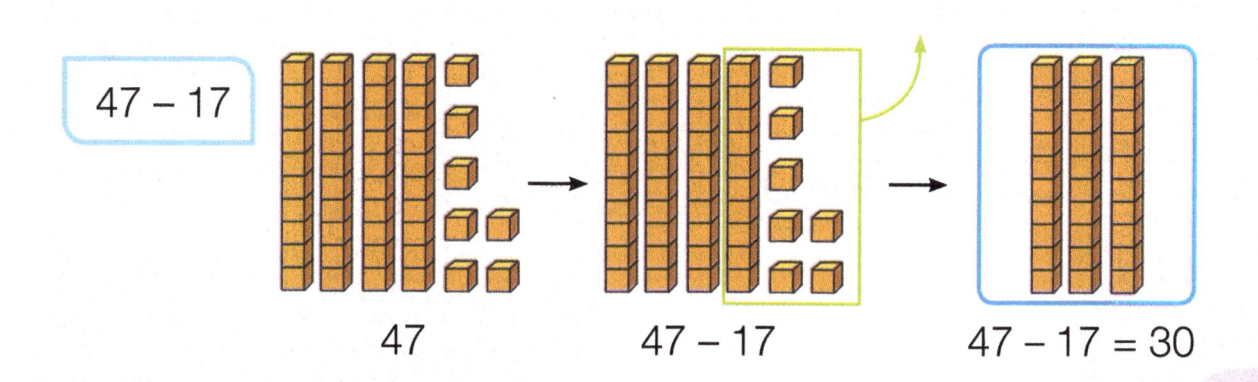

17 – 5

17 → 17 – 5 → 17 – 5 = 12

29 – 17

29 → 29 – 17 → 29 – 17 = 12

47 – 17

47 → 47 – 17 → 47 – 17 = 30

ATIVIDADES

1 Agora é com você! Efetue as subtrações a seguir usando o quadro.

19 – 6

D	U
1	9
	6

28 – 13

D	U
2	8
1	3

36 – 12

D	U
3	6
1	2

59 – 19

D	U
5	9
1	9

2 Resolva as subtrações.

a)
D	U
5	9
3	7

b)
D	U
9	8
3	6

c)
D	U
6	8
4	4

d)
D	U
4	2
3	1

e)
D	U
2	7
1	4

f)
D	U
6	8
4	6

g)
D	U
8	6
5	4

h)
D	U
6	9
1	8

i)
D	U
8	6
4	1

j)
D	U
7	7
2	5

k)
D	U
3	9
2	7

l)
D	U
9	5
6	3

3 Calcule mentalmente e registre as respostas.

a) De 12 para 15 faltam ☐

b) De 11 para 18 faltam ☐

c) De 15 para 20 faltam ☐

d) De 25 para 29 faltam ☐

e) De 23 para 25 faltam ☐

f) De 35 para 39 faltam ☐

LIÇÃO 18 — CENTENA

Observe.

▫▫▫▫▫▫▫▫▫▫ 1 grupo de 10 unidades

Juntando um grupo de 10 unidades:

▭ = 1 dezena

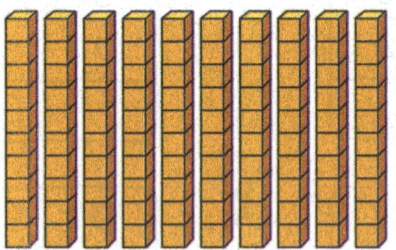

1 grupo de 10 dezenas

Juntando um grupo de 10 dezenas:

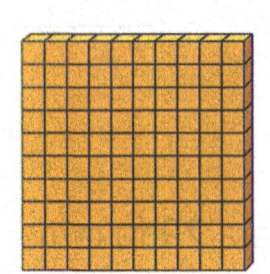

= 1 centena

10 dezenas formam **1 centena**

100 unidades formam **1 centena**

ATIVIDADES

1 Complete com os números que estão faltando.

10 – 20 – ___ – ___ – 50 – 60 – ___ – ___ – 90 – ___

2 Complete.

1 centena = ___ unidades

10 dezenas = ___ unidades

10 dezenas = ___ centena

3 Complete o quadro.

DEZENA ANTERIOR	DEZENA	DEZENA POSTERIOR
20	30	40
	50	
	40	
	90	
	60	
	80	
	20	

4 Complete as sequências.

100 – 99 – ____ – ____ – ____ – ____ – ____

94 – 95 – ____ – ____ – ____ – ____ – ____

5 Complete para somar 100. Veja o exemplo.

+	80	20	70	30	50	40	60	90	+
	20								

PROBLEMAS

1 Na biblioteca que Eduarda frequenta tem uma centena de livros.

- Há ____ livros na biblioteca.

2 Vinícius colou 10 dezenas de figurinhas no álbum de animais.

Vinícius colou ____ figurinhas no álbum de animais.

168

Álgebra: padrão de uma sequência

Observe como Artur organizou sua coleção de carrinhos.

- Logo depois de um carrinho azul vêm quantos carrinhos verdes?
- Logo depois de dois carrinhos verdes há quantos carrinhos azuis?

A fila organizada por Artur tem um trecho que se repete. Esse trecho é formado por um carrinho azul e dois verdes.

> Em uma fila organizada de objetos, quando um trecho se repete de forma igual, esse trecho é chamado **padrão de repetição**.

ATIVIDADES

1 Observe a sequência composta pelas figuras.

a) Essa sequência obedece a um padrão de formas? _____

b) Essa sequência obedece a um padrão de cores? _____

c) Marque um ⊠ nas afirmações verdadeiras.

☐ Todos os círculos são vermelhos.

☐ Todos os triângulos são verdes.

☐ Todos os quadrados são vermelhos.

☐ Nessa sequência há 4 elementos diferentes.

2 Observe esta sequência.

▲ ● ■ ▲ ● ■ ▲ ● ■ ☐ ☐ ☐

a) Qual é o padrão que você percebeu nessa sequência?

_____

_____

b) De acordo com o padrão que você percebeu, desenhe a próxima figura em cada espaço vazio.

3 Observe cada sequência. Imagine que fosse continuar cada uma delas e desenhe as próximas figuras em cada uma.

a) 🙂 🙁 🙁 🙂 🙁 🙁 🙂 🙁 ☐ ☐

b) ★ ☾ ★ ☾ ★ ☾ ★ ☾ ★ ☾ ☐ ☐

c) ↑ → ↓ ← ↑ → ↓ ← ☐ ☐ ☐

d) ▂▪ ▪▂ ▂▪ ▪▂ ▂▪ ▪▂ ☐ ☐ ☐

4 Crie uma sequência com estes elementos. Registre a seguir:

★ ● ◆ ☐

LIÇÃO 19 — NOÇÕES DE MULTIPLICAÇÃO E DIVISÃO

Observe o desenho.
Há 4 cestas.

Em cada cesta foram colocados 2 cachorros.
Se temos 4 cestas, com 2 cachorros em cada cesta, no total temos 8 cachorros.

ATIVIDADES

1. Desenhe três brinquedos em cada uma das caixas.

   Quantos brinquedos você desenhou no total? _____

2. Elias ganhou 3 figurinhas de cada um de seus 3 amigos.

   Quantas figurinhas Elias ganhou? _____

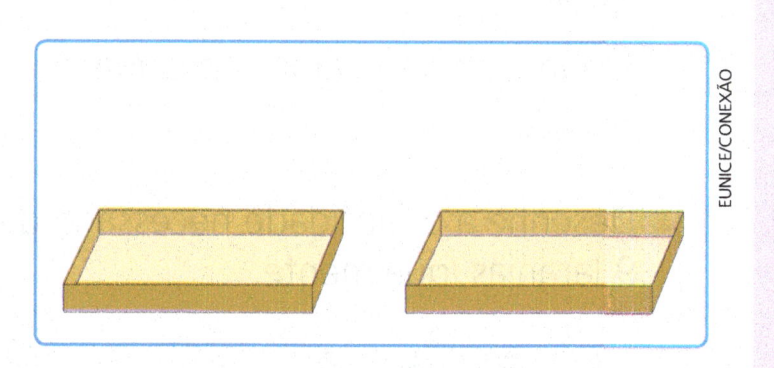

3) Carolina tinha 8 balas.

Decidiu repartir todas elas igualmente entre duas amigas.

Observe como Carolina repartiu as balas.

Carolina

Cada amiga de Carolina ganhou _____ balas.

4) Conte os lápis e distribua a mesma quantidade em cada estojo.

Quantos lápis ficaram em cada estojo? _____

5) Desenhe a quantidade necessária de cestas para distribuir 9 laranjas igualmente.

Quantas cestas você desenhou? _____

Combinação

Observe como podemos combinar três tipos de sorvete com dois tipos de casquinhas.

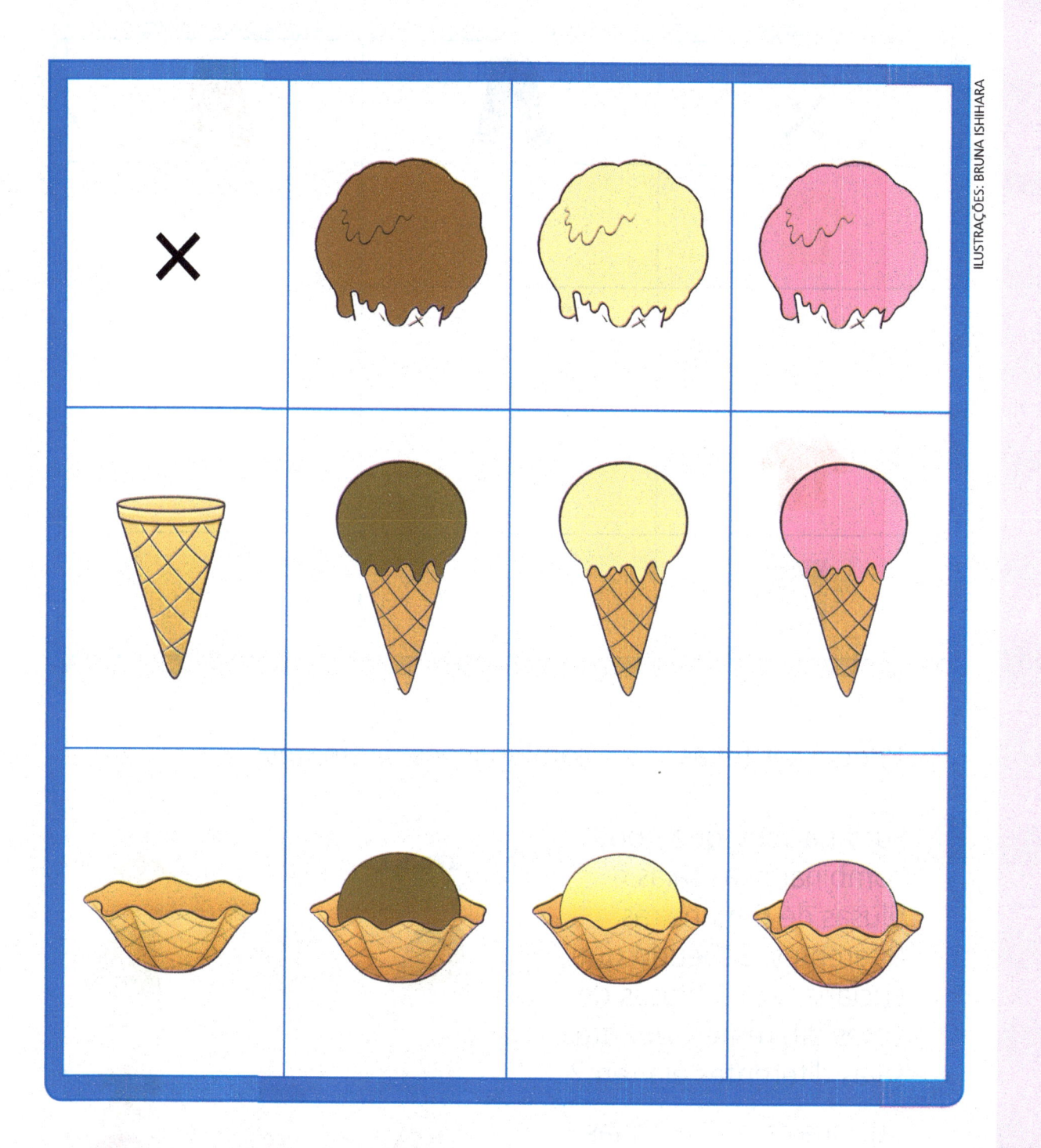

É possível fazer **6** combinações diferentes de sorvetes e casquinhas.

ATIVIDADES

1 Forme e pinte as combinações possíveis.

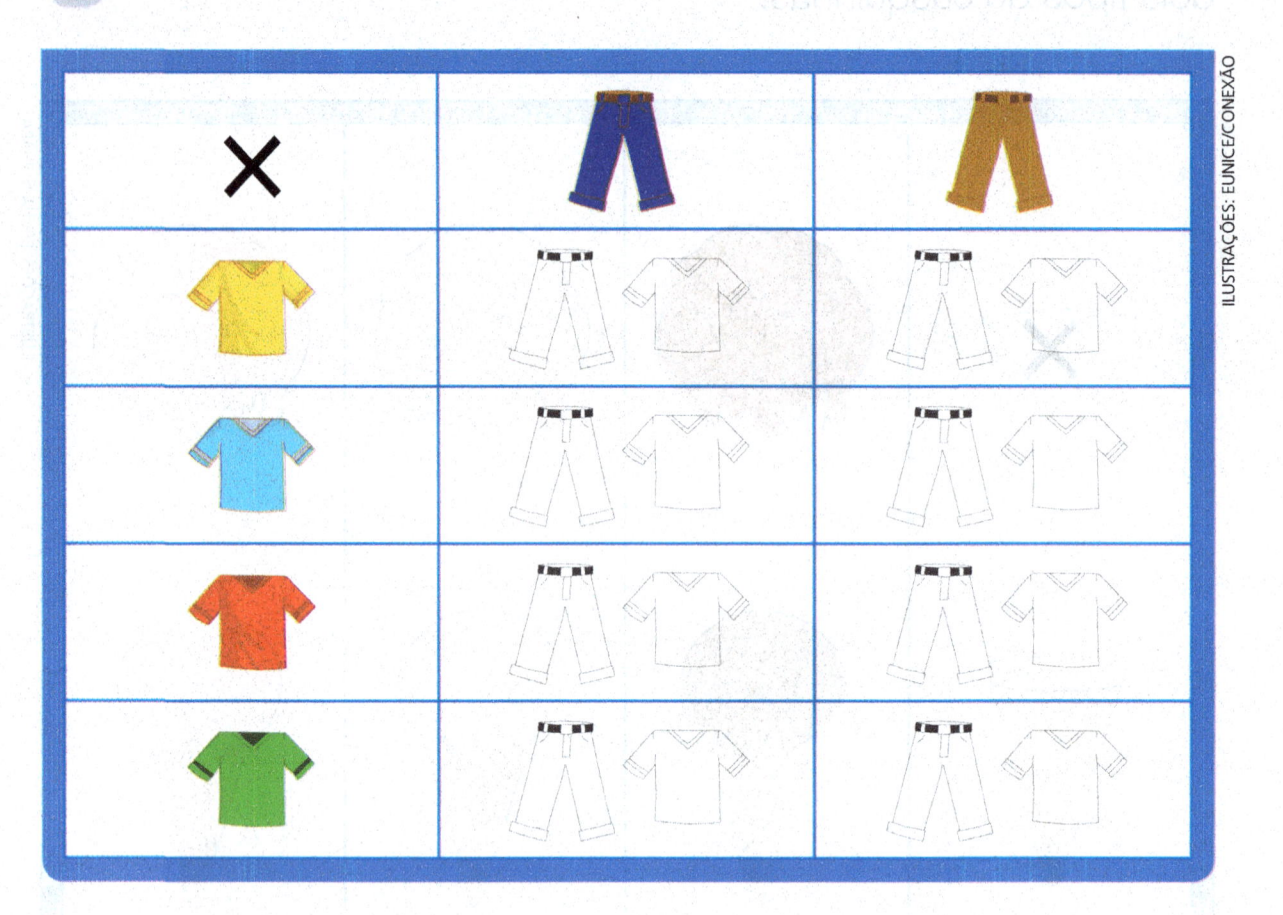

Podem ser feitas _____ combinações diferentes.

2 Luciana sabe que pode combinar suas saias e blusas de 6 maneiras diferentes. Sabendo que Luciana tem 3 blusas de cores diferentes, quantas saias diferentes ela tem?

Luciana tem _____ saias diferentes.

3 A sala de vídeo da Escola Aprender Mais tem 3 fileiras com 6 poltronas cada uma. Quantas poltronas há na sala de vídeo?

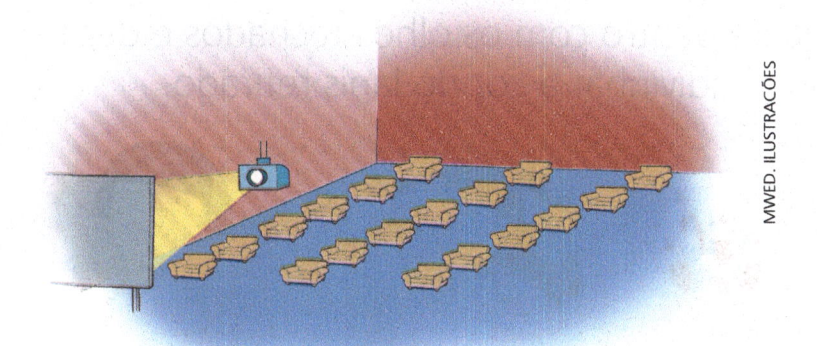

A sala de vídeo tem _____ poltronas.

4 Desenhe uma sala de aula com 5 fileiras, tendo 3 cadeiras em cada uma.

Quantas cadeiras há nessa sala de aula? _____

5 Desenhe um auditório com 12 cadeiras organizadas em 4 fileiras.

Quantas cadeiras há em cada fileira? _____

Estudo do acaso

1 Ana e Lucas colocaram dentro de um estojo que estava vazio apenas lápis azuis e lápis vermelhos. Eles vão retirar um lápis lá de dentro com os olhos fechados e dar um palpite tentando adivinhar a cor do lápis retirado.

Responda:

a) Quantos lápis há no total? _____

b) A quantidade de lápis azuis é igual à quantidade de lápis vermelhos? _____

c) Há mais lápis de qual cor? Pinte o lápis a seguir com essa cor.

d) Leia cada frase a seguir e complete-as com um dos dizeres dos retângulos

| Impossível | Possível | Com certeza |

- Ao retirar um lápis do estojo, é _____ que ele seja amarelo.
- É _____ que Ana vai retirar um lápis azul ou vermelho.
- É _____ que Lucas retire um lápis azul.
- É _____ que Lucas retire um lápis vermelho.

2 Júlia gosta muito de comer frutas. Veja as frutas que ela tem em uma cesta.

a) Há alguma pera nessa cesta? _____

b) É possível ou é impossível retirar um abacaxi dessa cesta?
_____

c) Quantas bananas há nessa cesta? _____

d) Circule na cesta sua fruta favorita.

3 Observe as fichas a seguir.

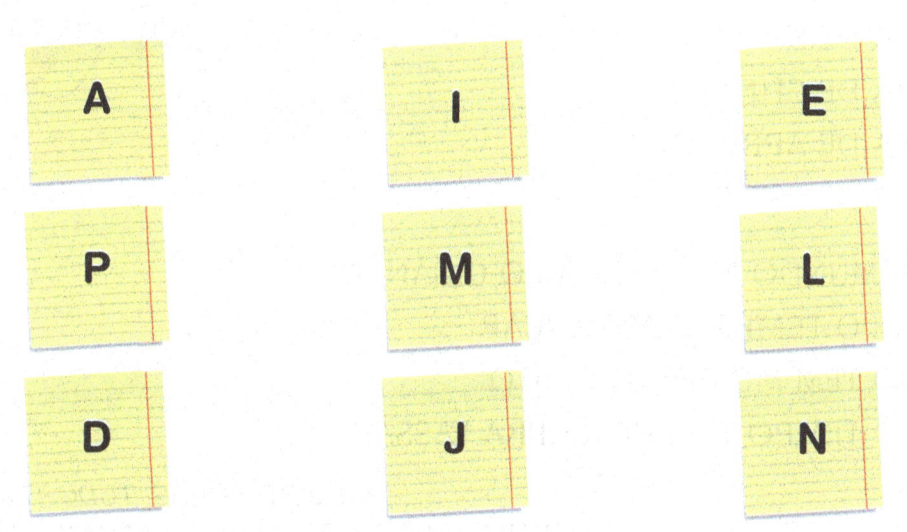

A   I   E

P   M   L

D   J   N

a) Nessas fichas há mais consoantes ou mais vogais? _____

b) Ana vai retirar uma dessas fichas. É possível ou é impossível que ela retire uma letra de seu nome? _____

c) É possível ou é impossível Ana retirar uma ficha com a letra B? _____

LIÇÃO 20

NOÇÕES DE TEMPO

O relógio

TUDO TEM HORA

HORA DE DORMIR
HORA DE ACORDAR
HORA DE COMER
HORA DE BRINCAR

PARECE QUE TUDO TEM HORA!
E TUDO PARECE AGORA!

HORA DE SAIR
HORA DE CHEGAR
HORA DE APRENDER
HORA DE ESTUDAR

ESSE MUNDO É UM RELÓGIO GIGANTE
ONDE O TEMPO VEM DANÇAR
TUDO TEM MOMENTO CERTO
ATÉ O TEMPO TEM HORA PRA PASSAR! [...]

EDGARD POÇAS. *TUDO TEM HORA*.
SÃO PAULO: COMPANHIA EDITORA NACIONAL, 2008.

O relógio é usado para medir o tempo. Você sabe ler as horas? Vamos aprender.

Observe as horas marcadas em dois tipos diferentes de relógio.

Este é um relógio de ponteiros.

O ponteiro pequeno está apontando para o 1, e o grande, para o 12. É uma hora.

O ponteiro pequeno está apontando para o 3, e o grande, para o 12. São 3 horas.

Existe também o relógio digital. Observe como ele marca as horas.

Este é um relógio digital.

São 2 horas.

São 9 horas.

ATIVIDADES

1 Observe o relógio e complete.

O ponteiro pequeno marca as horas. O ponteiro grande marca os minutos.

O ponteiro grande marca os **minutos**, e quando está apontado para o 12, ele indica horas exatas.

a) Quantos ponteiros há? _____.

b) Os números vão de 1 a _____.

c) O ponteiro pequeno está apontando para o número _____.

Ele marca as _____.

d) O ponteiro grande está apontando para o número _____.

Ele marca os _____.

e) O relógio está marcando _____ horas.

2 Escreva as horas que os relógios digitais estão registrando.

a) 08:00 _____ horas

b) 12:00 _____ horas

c) 10:00 _____ horas

3 Marque no relógio a hora em que você faz estas atividades.

O calendário

O calendário nos orienta sobre o tempo. Ele indica os meses do ano e os dias da semana.

Observe o calendário a seguir.

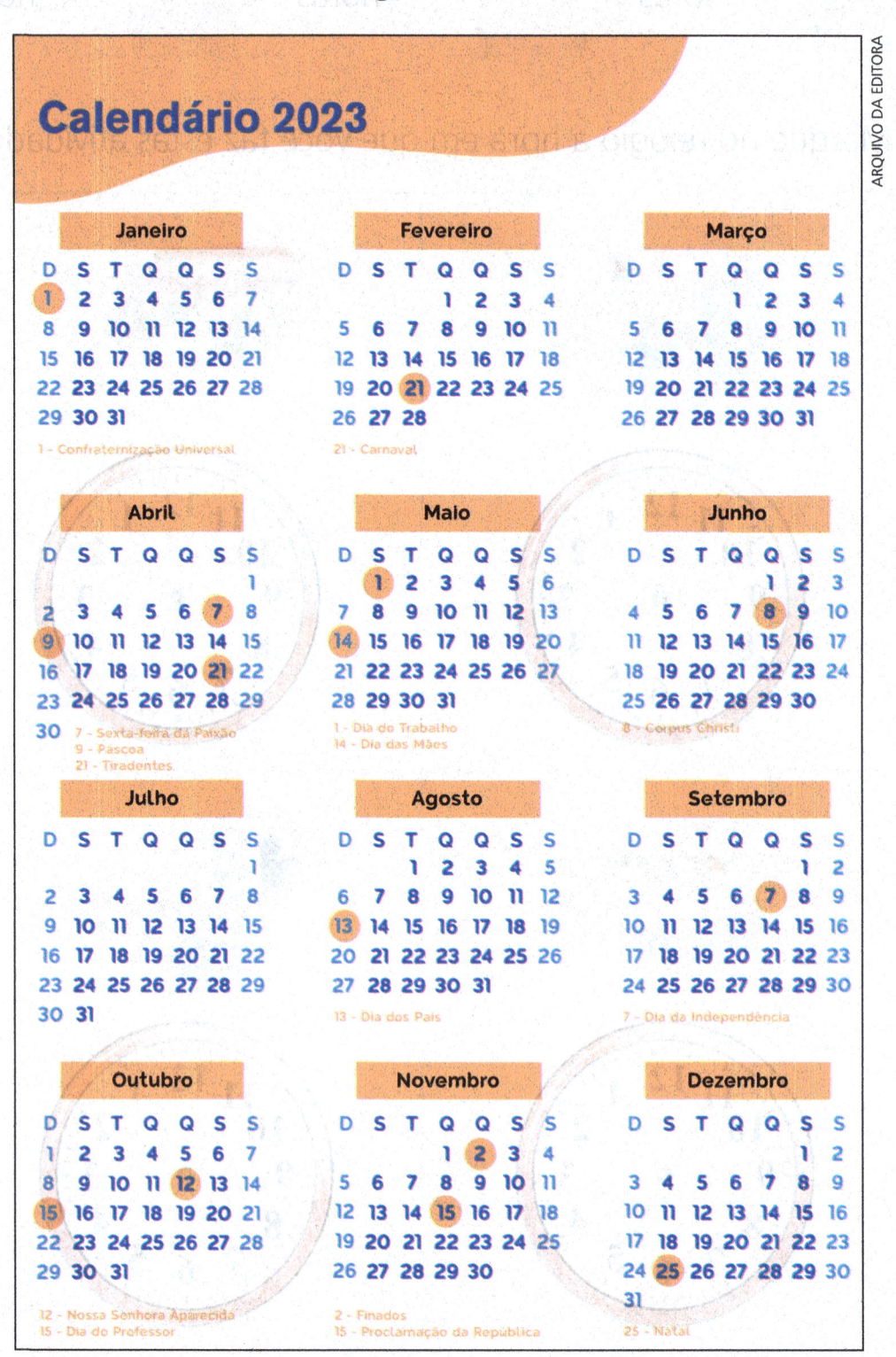

Calendário 2023

Janeiro

D	S	T	Q	Q	S	S
1	2	3	4	5	6	7
8	9	10	11	12	13	14
15	16	17	18	19	20	21
22	23	24	25	26	27	28
29	30	31				

1 – Confraternização Universal

Fevereiro

D	S	T	Q	Q	S	S
			1	2	3	4
5	6	7	8	9	10	11
12	13	14	15	16	17	18
19	20	21	22	23	24	25
26	27	28				

21 – Carnaval

Março

D	S	T	Q	Q	S	S
			1	2	3	4
5	6	7	8	9	10	11
12	13	14	15	16	17	18
19	20	21	22	23	24	25
26	27	28	29	30	31	

Abril

D	S	T	Q	Q	S	S
						1
2	3	4	5	6	7	8
9	10	11	12	13	14	15
16	17	18	19	20	21	22
23	24	25	26	27	28	29
30						

7 – Sexta-feira da Paixão
9 – Páscoa
21 – Tiradentes

Maio

D	S	T	Q	Q	S	S
	1	2	3	4	5	6
7	8	9	10	11	12	13
14	15	16	17	18	19	20
21	22	23	24	25	26	27
28	29	30	31			

1 – Dia do Trabalho
14 – Dia das Mães

Junho

D	S	T	Q	Q	S	S
				1	2	3
4	5	6	7	8	9	10
11	12	13	14	15	16	17
18	19	20	21	22	23	24
25	26	27	28	29	30	

8 – Corpus Christi

Julho

D	S	T	Q	Q	S	S
						1
2	3	4	5	6	7	8
9	10	11	12	13	14	15
16	17	18	19	20	21	22
23	24	25	26	27	28	29
30	31					

Agosto

D	S	T	Q	Q	S	S
		1	2	3	4	5
6	7	8	9	10	11	12
13	14	15	16	17	18	19
20	21	22	23	24	25	26
27	28	29	30	31		

13 – Dia dos Pais

Setembro

D	S	T	Q	Q	S	S
					1	2
3	4	5	6	7	8	9
10	11	12	13	14	15	16
17	18	19	20	21	22	23
24	25	26	27	28	29	30

7 – Dia da Independência

Outubro

D	S	T	Q	Q	S	S
1	2	3	4	5	6	7
8	9	10	11	12	13	14
15	16	17	18	19	20	21
22	23	24	25	26	27	28
29	30	31				

12 – Nossa Senhora Aparecida
15 – Dia do Professor

Novembro

D	S	T	Q	Q	S	S
			1	2	3	4
5	6	7	8	9	10	11
12	13	14	15	16	17	18
19	20	21	22	23	24	25
26	27	28	29	30		

2 – Finados
15 – Proclamação da República

Dezembro

D	S	T	Q	Q	S	S
					1	2
3	4	5	6	7	8	9
10	11	12	13	14	15	16
17	18	19	20	21	22	23
24	25	26	27	28	29	30
31						

25 – Natal

ARQUIVO DA EDITORA

O ano tem 12 meses.

OS MESES DO ANO SÃO:		
1 – JANEIRO	**5** – MAIO	**9** – SETEMBRO
2 – FEVEREIRO	**6** – JUNHO	**10** – OUTUBRO
3 – MARÇO	**7** – JULHO	**11** – NOVEMBRO
4 – ABRIL	**8** – AGOSTO	**12** – DEZEMBRO

Observe o calendário do mês de janeiro.

Janeiro

D	S	T	Q	Q	S	S
1	2	3	4	5	6	7
8	9	10	11	12	13	14
15	16	17	18	19	20	21
22	23	24	25	26	27	28
29	30	31				

1 - Confraternização Universal

ARQUIVO DA EDITORA

A semana tem 7 dias. Os dias da semana são:

- **D** domingo
- **S** segunda-feira
- **T** terça-feira
- **Q** quarta-feira
- **Q** quinta-feira
- **S** sexta-feira
- **S** sábado

A semana tem 7 dias.

ATIVIDADES

1 Complete.

a) O ano tem _____ meses.

b) O primeiro mês do ano é _____.

c) O último mês do ano é _____.

2 Consulte o calendário da página 182 e pinte os meses de acordo com a legenda.

🟩 Mês com exatamente 30 dias
🟨 Mês com exatamente 31 dias
🟧 Mês com exatamente 28 dias

☐ Janeiro   ☐ Maio   ☐ Setembro
☐ Fevereiro   ☐ Junho   ☐ Outubro
☐ Março   ☐ Julho   ☐ Novembro
☐ Abril   ☐ Agosto   ☐ Dezembro

3 Os dias da semana estão embaralhados no quadro a seguir. Arrume-os, obedecendo a ordem.

> SÁBADO   SEGUNDA-FEIRA
> QUINTA-FEIRA   DOMINGO   QUARTA-FEIRA
> TERÇA-FEIRA   SEXTA-FEIRA

Dias da semana:

1º _____   5º _____

2º _____   6º _____

3º _____   7º _____

4º _____

4 Complete o quadro a seguir com o mês, o ano, os dias atuais e responda às perguntas.

Mês: _____   Ano: _____

DOMINGO	SEGUNDA--FEIRA	TERÇA--FEIRA	QUARTA--FEIRA	QUINTA--FEIRA	SEXTA--FEIRA	SÁBADO

a) Em que mês estamos? _____

b) Quantos dias tem este mês? _____

c) Que dia é hoje? _____

d) Qual é o dia da semana? _____

e) Pinte de azul o último sábado do mês.

5 Desenhe o que você costuma fazer durante a semana.

DOMINGO

SEGUNDA-FEIRA

TERÇA-FEIRA

QUARTA-FEIRA

QUINTA-FEIRA

SEXTA-FEIRA

SÁBADO

LIÇÃO 21 — MEDIDAS DE COMPRIMENTO

Observe as cenas.

João está medindo a sala com passos.

Lívia está medindo a borracha com o dedo.

Mônica está medindo a porta com os pés.

Ricardo está medindo a carteira com palmos.

ILUSTRAÇÕES: JOSÉ LUIS JUHAS

Nas cenas, as crianças estão utilizando partes do corpo para medir.
- Você acha que as partes do corpo fornecem medidas iguais para todas as pessoas? Por quê?

O metro e o centímetro

O **metro** e o **centímetro** são unidades de medidas de comprimento. Para obter medidas precisas, utilizamos instrumentos.

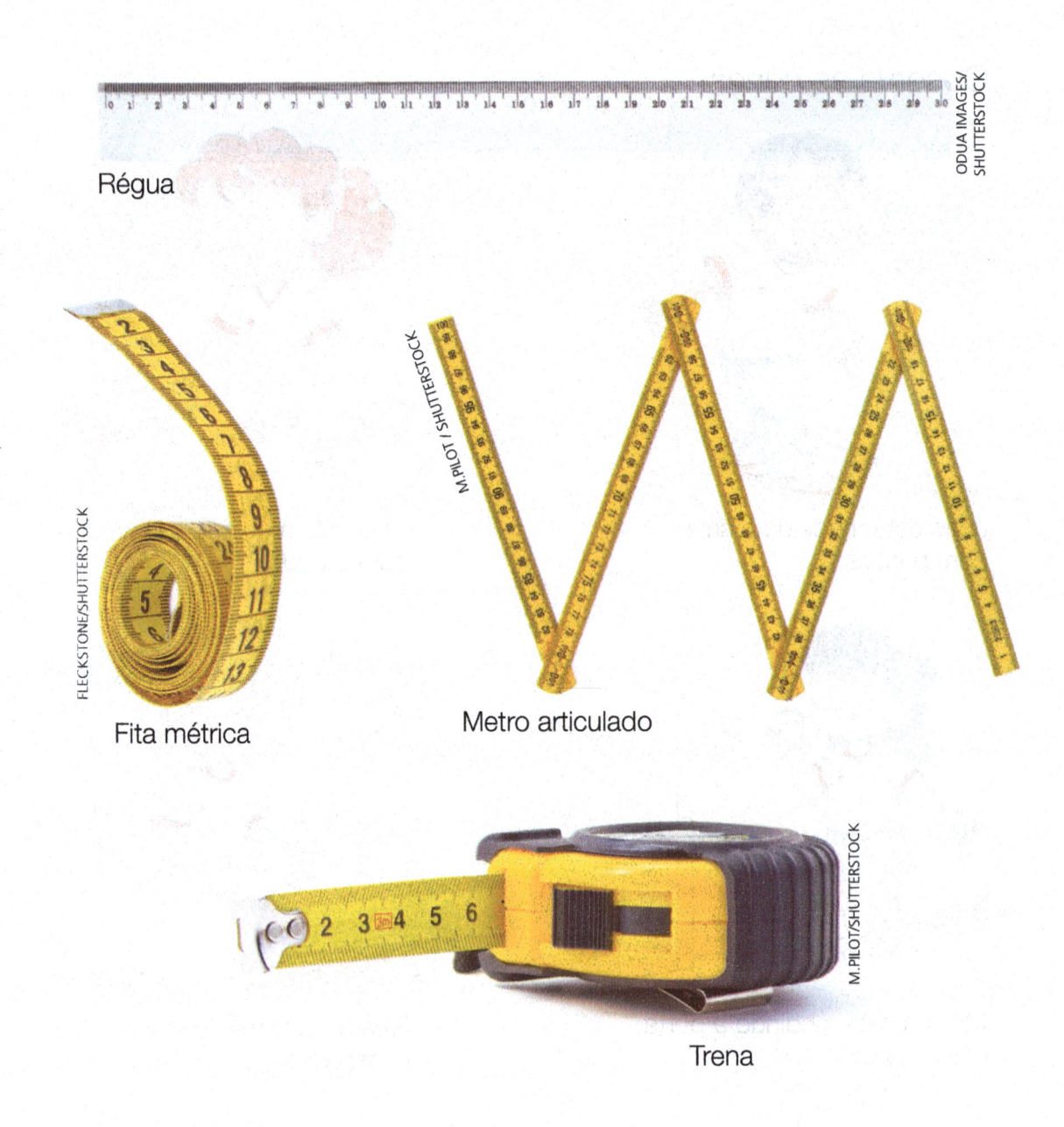

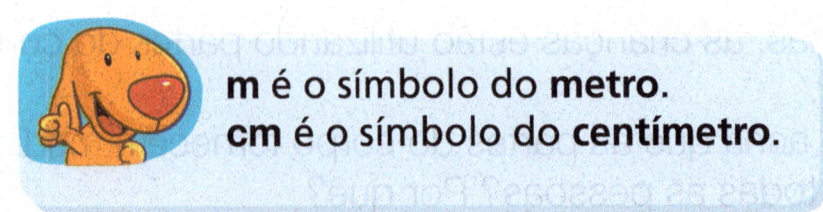

Régua

Fita métrica

Metro articulado

Trena

m é o símbolo do **metro**.
cm é o símbolo do **centímetro**.

ATIVIDADES

1 Meça e responda às perguntas.

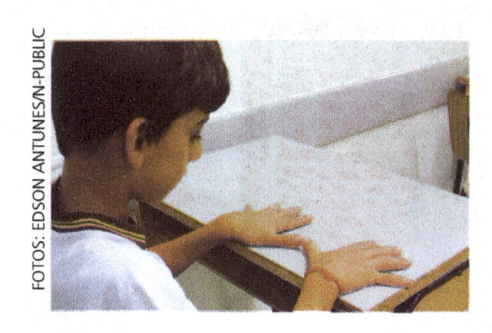

a) Quantos palmos mede sua carteira?

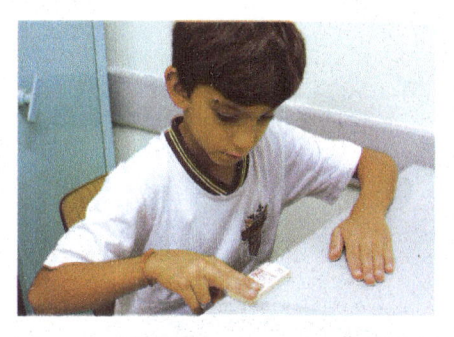

_____

_____.

b) Quantos dedos mede sua borracha?

_____

_____.

c) Quantos passos mede a largura de sua sala de aula?

_____

_____.

d) Quantos pés mede a largura da porta de sua sala de aula?

_____

_____.

- Compare as medidas que você obteve com as que seus colegas obtiveram. Elas são iguais ou diferentes? Por quê?

2 Faça um X nos objetos que são comprados em metros.

3 Agora, meça com sua régua e responda.

a) Quanto mede o comprimento do seu lápis? _____ cm.

b) Quanto mede a largura do seu estojo? _____ cm.

4 Observe e responda.

| ARAME | TECIDO | CORDA |
| 2 m | 6 m | 5 m |

a) Qual é a diferença entre as medidas da peça de tecido e do rolo de arame? _____

b) Quantos metros medem juntos o rolo de corda e o rolo de arame? _____

5 Pesquise, recorte e cole figuras de produtos que podem ser comprados em metros.

INFORMAÇÃO E ESTATÍSTICA

Faça uma pesquisa e construa um gráfico com as brincadeiras preferidas de seus colegas. Siga as instruções.

1. Escolha o nome de cinco brincadeiras conhecidas pelos colegas.

2. Pergunte a, pelo menos, 21 colegas qual das cinco brincadeiras eles preferem.

3. Pinte um quadrinho para cada brincadeira escolhida.

Brincadeira

Quantidade de alunos

a) Qual brincadeira foi a mais escolhida? _____

b) Qual brincadeira foi a menos escolhida? _____

LIÇÃO 22

MEDIDAS DE MASSA

Observe as figuras.

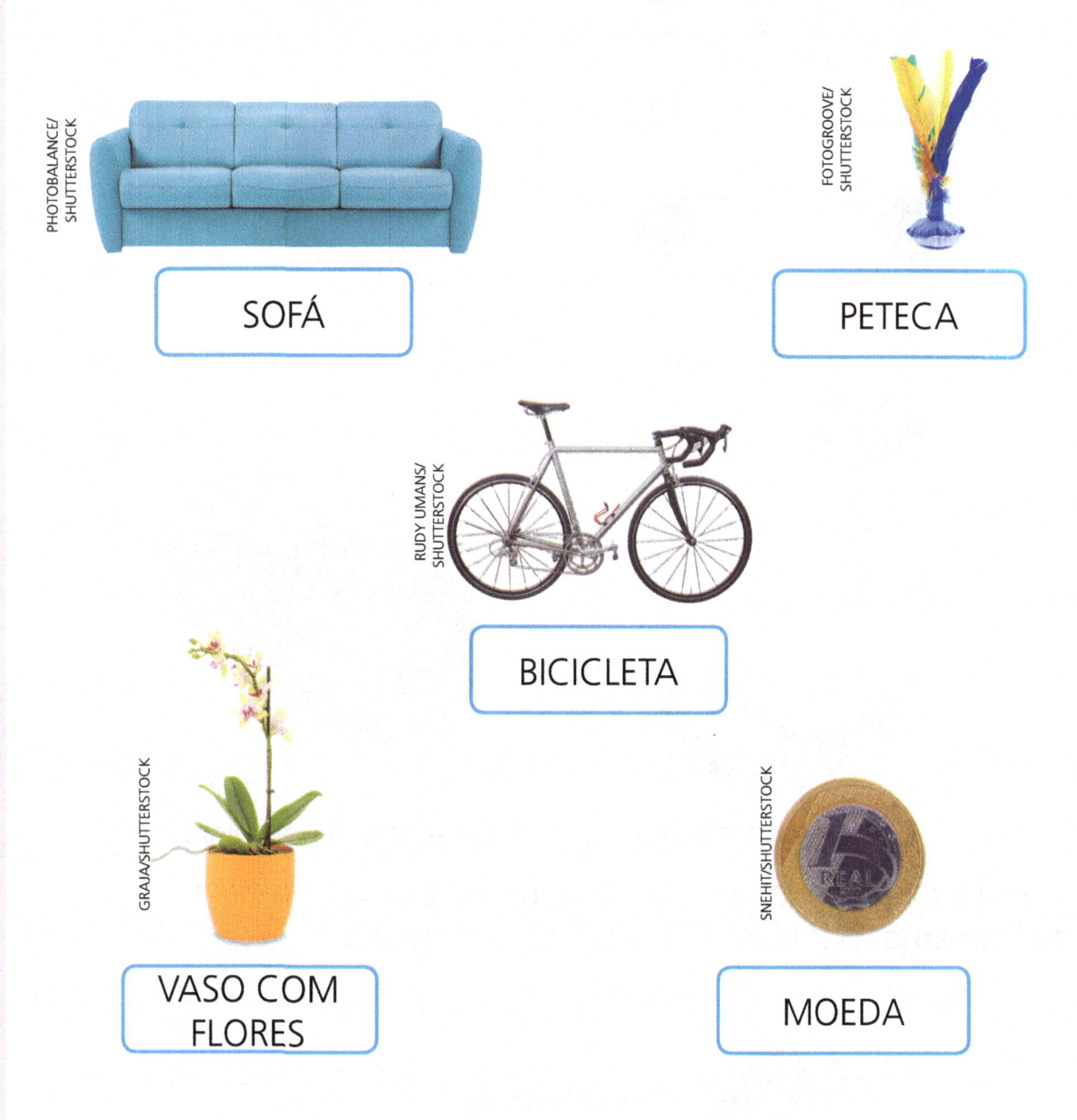

SOFÁ

PETECA

BICICLETA

VASO COM FLORES

MOEDA

- Qual desses objetos você acha que é o mais leve? E o mais pesado?

A balança é o instrumento usado para medir o peso de um objeto, uma pessoa, um produto etc. Observe alguns tipos de balança.

Balança corporal

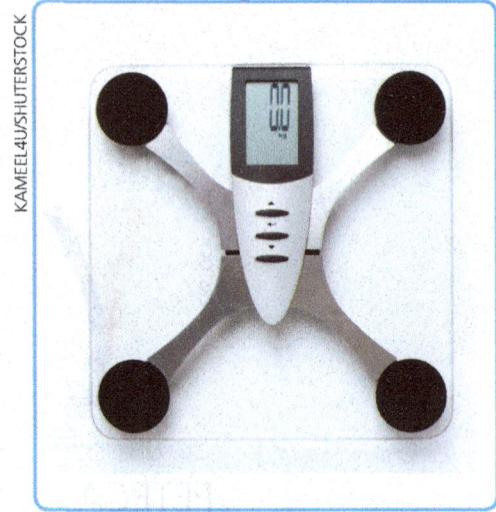

Balança de farmácia

Balança comercial

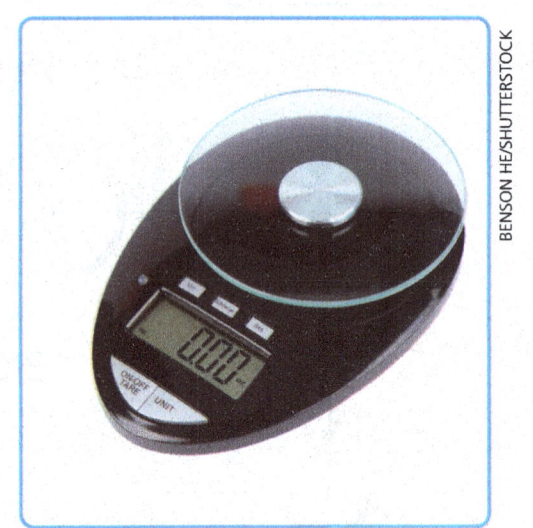

Balança de precisão

A unidade usada para medir a massa dos objetos é o **quilograma**, popularmente chamado de **quilo**.

O símbolo do quilograma é **kg**.

ATIVIDADES

1 Procure em sua casa embalagens de três produtos que são vendidos em quilogramas. Escreva o nome do produto e quanto ele pesa.

PRODUTO	PESO

a) Qual é o produto mais pesado? _____

b) Você observou se nas embalagens dos produtos constam a data de fabricação e a data de validade? _____

c) Você acha que essas informações são importantes? Por quê? _____

2 Quanto você acha que pesam estes objetos? Faça uma estimativa.

Borracha:
☐ mais de 1 kg
☐ menos de 1 kg

Cadeira:
☐ mais de 1 kg
☐ menos de 1 kg

Chave:
☐ mais de 1 kg
☐ menos de 1 kg

Botijão de gás:
☐ mais de 1 kg
☐ menos de 1 kg

3 Responda às perguntas.

a) Quem pesa mais: o menino ou o cachorro?

_____

b) Quanto pesam os dois juntos?

_____

c) Você se pesou recentemente?

_____

d) Quanto você pesa?

_____

e) Quem pesa mais: você ou o menino do desenho?

_____

LIÇÃO 23
MEDIDAS DE CAPACIDADE

O litro

Líquidos como leite, água, sucos, óleos, gasolina, entre outros, são medidos em litros.

Refrigerante

Caixinha de suco

Água

Óleo

Garrafa de leite

Amaciante

O litro serve para medir a capacidade de líquido que cabe nos recipientes.

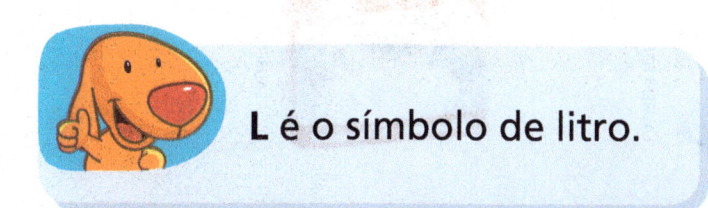

L é o símbolo de litro.

ATIVIDADES

1 Circule os produtos que compramos em litro.

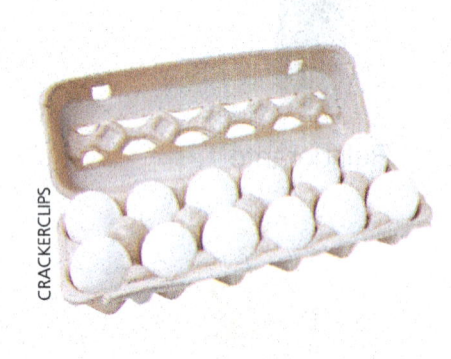

2 Pinte de vermelho ou azul as etiquetas junto aos recipientes, indicando se a capacidade de cada um é:

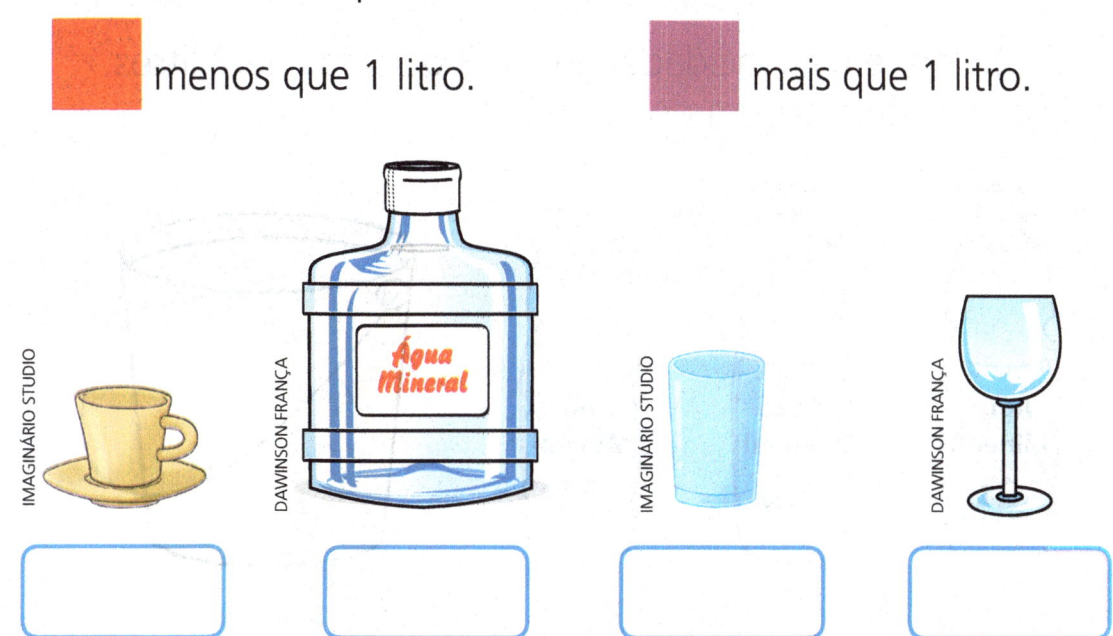

■ menos que 1 litro.   ■ mais que 1 litro.

3 O conteúdo de cada jarra vai ser despejado no recipiente maior. Quanto haverá em cada recipiente maior?

a) 1 L + 1 L + 1 L + 1 L → _____ litros

b) 1 L + 1 L + 1 L + 1 L + 1 L → _____ litros

PROBLEMAS

1 Um balde tem capacidade igual a 3 garrafas de 2 litros. Quantos litros cabem no balde?

Resposta: No balde cabem ☐ litros.

2 Com 1 litro de suco eu encho 4 copos. De quantos litros de suco preciso para encher 8 copos?

Observe a figura e responda.

Resposta: Preciso de ☐ litros de suco para encher 8 copos.

LIÇÃO 24
DINHEIRO BRASILEIRO

O dinheiro brasileiro é composto por cédulas e moedas.
As cédulas são as seguintes:

E as moedas são as seguintes:

Nosso dinheiro é o **real**.
O símbolo do real é **R$**.

As cédulas também são chamadas de **notas**.

Observe algumas trocas que podemos fazer utilizando moedas e notas.

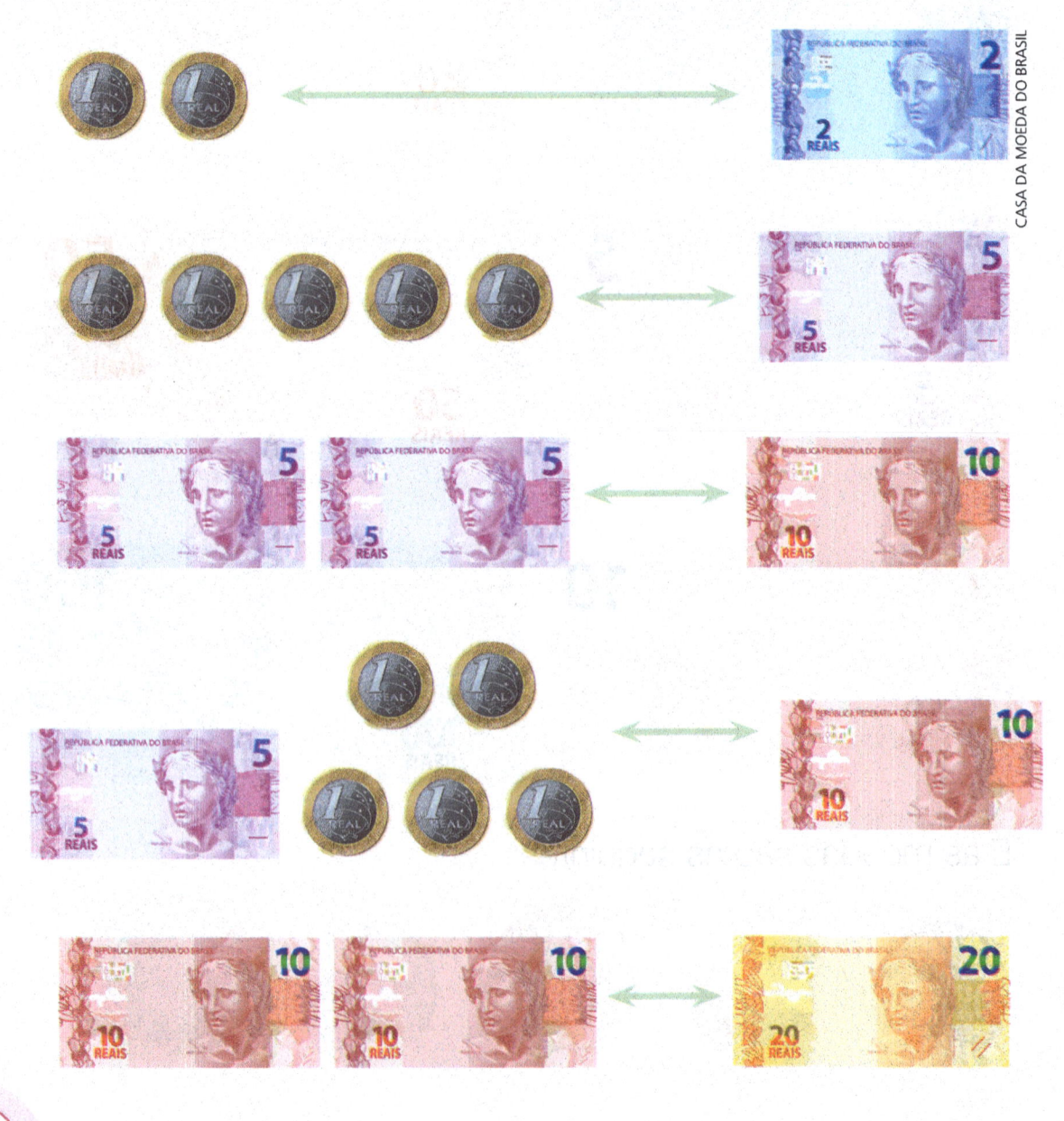

ATIVIDADES

1 Complete os espaços com as palavras dos quadros a seguir:

| R$ | MOEDAS | REAL | CÉDULAS |

a) Nosso dinheiro é o _____.

b) O símbolo do real é _____.

2 Observe cada situação e assinale ⊠ para sim, se for possível comprar, e ⊠ para não, se não for possível.

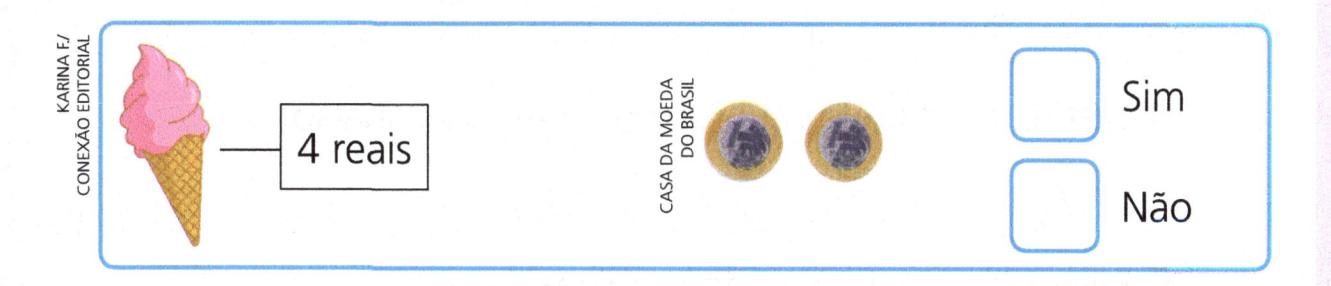

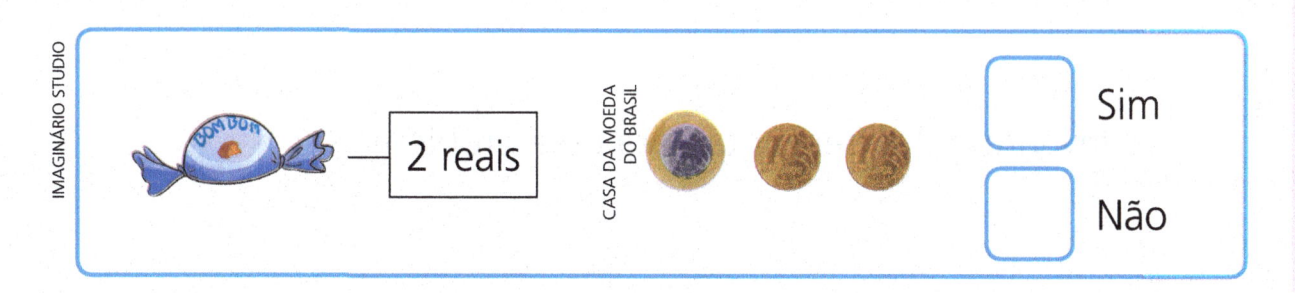

- Sorvete — 4 reais
  ☐ Sim
  ☐ Não

- Bala — 2 reais
  ☐ Sim
  ☐ Não

3 Alice tem 15 reais. Marque se ela pode comprar.

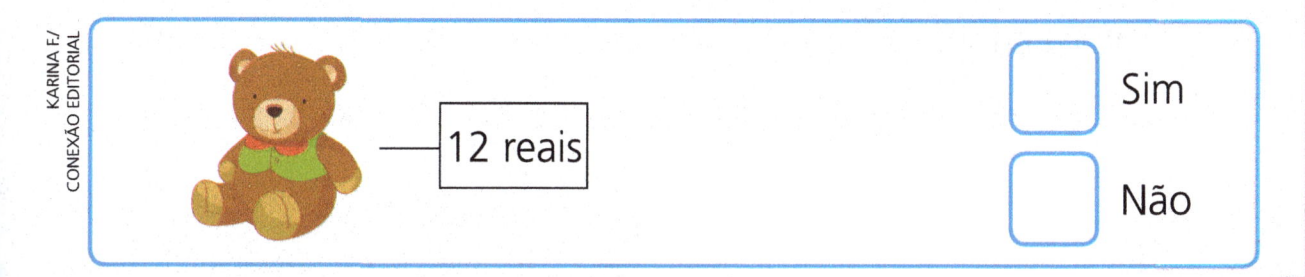

- Ursinho — 12 reais
  ☐ Sim
  ☐ Não

EU GOSTO DE APRENDER MAIS

Leia o problema.

> Paulo e Leonardo economizaram cada um certa quantia.
>
> Paulo tem 15 reais.   Leonardo tem 10 reais.
>
> - Quem tem a maior quantia?

a) Qual é a pergunta do problema? Escreva abaixo.

_____

b) Responda à pergunta do problema.

_____

c) Invente outra pergunta para esse problema.

_____

_____

d) Agora, resolva o problema respondendo à pergunta que você criou.

_____

_____

INFORMAÇÃO E ESTATÍSTICA

Faça uma pesquisa de preços dos produtos a seguir.

PRODUTO	PREÇO
1 kg de feijão	
5 kg de arroz	
1 pacote de macarrão	
1 kg de açúcar	
1 litro de leite	
1 kg de café	

Responda:

a) Qual é o produto mais caro? _____

b) Qual é o produto mais barato? _____

c) Qual é o preço do feijão? _____

d) Você acha o feijão caro ou barato? _____

• Compare os preços escritos na sua tabela com os das tabelas de outros colegas. Os preços são iguais para cada produto? Comente.

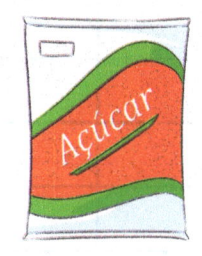

PARA SE DIVERTIR

Jogo dos dados

Recorte do **Almanaque** cédulas de 10 reais, da página 219, e o dado, da página 215. Monte o dado com ajuda de um adulto.

Material:
- Três dados
- Tabela de pontuação
- Lápis
- Cédulas de 10 reais

Número de jogadores: 2 a 4.

Regras:

O primeiro jogador lança dois dados e soma os números obtidos, anotando o resultado na tabela.

Se o resultado for 10, não precisa jogar o terceiro dado.

Se o resultado for menor do que 10, deve dizer quanto falta e anotar na tabela. Em seguida, deve lançar o terceiro dado.

Se o resultado for maior do que 10, o jogador deve dizer quanto passou e registrar na tabela. Em seguida, deve jogar o terceiro dado.

Cada vez que um jogador conseguir somar 10 pontos, recebe uma cédula de 10 reais. Vence aquele que conseguir 5 cédulas de 10 reais primeiro.

JOGADOR	2 DADOS		3º DADO		PONTOS
	1º	2º	–	+	
1 –					
2 –					
3 –					
4 –					

Referências bibliográficas

BOYER, Carl. *História da Matemática*. São Paulo: Edgard Blucher, 1999.

CHEVALLARD, Yves; BOSCH, Marianna; GASCÓN, Josep. *Estudar Matemática*: o elo perdido entre o ensino e a aprendizagem. Porto Alegre: Artmed, 2001.

DANTE, Luiz Roberto. *Didática da resolução de problemas de Matemática*. São Paulo: Ática, 1994.

DOMINGUEZ, Hygino H. *Aplicações da Matemática escolar*. São Paulo: Atual, 1997.

IEZZI, Gelson et al. Coleção Fundamentos de Matemática Elementar. São Paulo: Atual, 1996.

IFRAH, Georges. *Os números*: a história de uma grande invenção. São Paulo: Globo, 1989.

KAMII, Constance. *A criança e o número*. Campinas: Papirus, 2004.

KAMII, Constance; DECLARK, Georgia. *Reinventando a aritmética*: implicações da teoria de Piaget. Trad. Elenisa Curt. Campinas: Papirus, 2001.

KRULIK, Stephen; REYS, Robert E. (org.). *A resolução de problemas na Matemática escolar*. São Paulo: Atual, 1997.

MORETO, Vasco Pedro. *Prova, um momento privilegiado de estudos, não um acerto de contas*. Rio de Janeiro: DP&A, 2002.

OLIVEIRA, Maria Beatriz L.; SALLES, Leila Maria F. (org.). *Educação, psicologia e contemporaneidade*. São Paulo: Cabral, 2000.

PARRA, Cecília; SAIZ, Irma (org.). *Didática da Matemática*: reflexões psicopedagógicas. Porto Alegre: Artmed, 2001.

ROSA, Ernesto. *Didática da Matemática*. São Paulo: Ática, 2001.

SHULTE, Albert P.; COXFORD, Arthur. *As ideias da álgebra*. São Paulo: Atual, 1994.

SMOLE, Kátia Stocco; DINIZ, Maria Ignez; CÂNDIDO, Patrícia. *Resolução de problemas*. Porto Alegre: Artmed, 2000.

SMOLE, Kátia Stocco. *Brincadeiras infantis nas aulas de Matemática*. Porto Alegre: Artmed, 2000.

VALENTE, Rodrigues Wagner (org.). *Avaliação em Matemática*: história e perspectivas atuais. Campinas: Papirus, 2008.

VALLADARES, Renato J. Costa. *O jeito matemático de pensar*. Rio de Janeiro: Ciência Moderna, 2003.

ZUNINO, Délia Lerner de. *A Matemática na escola*: aqui e agora. Porto Alegre: Artmed, 1995.

Sugestões de leitura complementar para o aluno

40 receitas sem fogão. Corinne Albaut. São Paulo: Companhia Editora Nacional, 2005.

A casa. Aline Pupato Couto. Rio de Janeiro: Zeus, 2001.

Brincando com os números. Jahn Massin e Heloisa Massin. São Paulo: Companhia das Letrinhas, 1995.

Coleção Brincando com Atividades. São Paulo: Girassol.

Coleção Histórias de Contar. Nílson José Machado. São Paulo: Scipione.

Coleção Mundo das Imagens. São Paulo: Companhia Editora Nacional.

Coleção O Homenzinho da Caverna. Silvio Costa. São Paulo: Companhia Editora Nacional.

Coleção O Que É? São Paulo: Companhia Editora Nacional.

De quem são as pegadas? Lucia Hiratsuka. São Paulo: Scipione, 1995.

É hora! É hora. Ana Cláudia Ramos. Rio de Janeiro: Zeus, 2005.

O semáforo. Lúcia Pimentel Góes. São Paulo: Scipione, 1992.

Onde estão os erros do espelho maluco do Menino Maluquinho? Ziraldo. São Paulo: Melhoramentos, 1993.

Primeiro dicionário escolar. Nelly Novaes Coelho. São Paulo: Companhia Editora Nacional, 2005.

Que horas são? Guto Lins. São Paulo: Mercuryo Jovem, 2005.

Um número depois do outro. José Paulo Paes e Kiko Farkas. São Paulo: Companhia das Letrinhas, 1995.

Um tico-tico no fubá – Sabores da nossa história. Gisela Tomanik Berland. São Paulo: Companhia Editora Nacional, 2005.

... de A a Z, de 1 a 10... Darci Maria Brignani. São Paulo: Companhia Editora Nacional, 2005.

Coleção

Eu gosto m@is

ALMANAQUE

COMPOSIÇÃO DE FIGURAS PLANAS

Recorte os triângulos da **página 211** e forme um quadrado. Cole o quadrado no espaço a seguir.

ALMANAQUE

211

Parte integrante da Coleção Eu Gosto M@is – Matemática 1º ano – IBEP.

PARA SE DIVERTIR

JOGO: RESTA ZERO

Para jogar **resta zero**, você precisará recortar e montar o dado da **página 215** do Almanaque.

Forme uma dupla com um colega. Escolham quem será o jogador 1 e o jogador 2. Depois, escrevam seus nomes nos espaços indicados.

Cada jogador, na sua vez, ao lançar o dado deverá subtrair o número obtido dos 9 pontos iniciais indicados nas colunas. Depois, deverá registrar os pontos que restaram e continuar lançando o dado, alternando a vez com o outro jogador. Vence o jogo quem chegar ao zero primeiro.

Jogador 1	Jogador 2
9	9

DADO

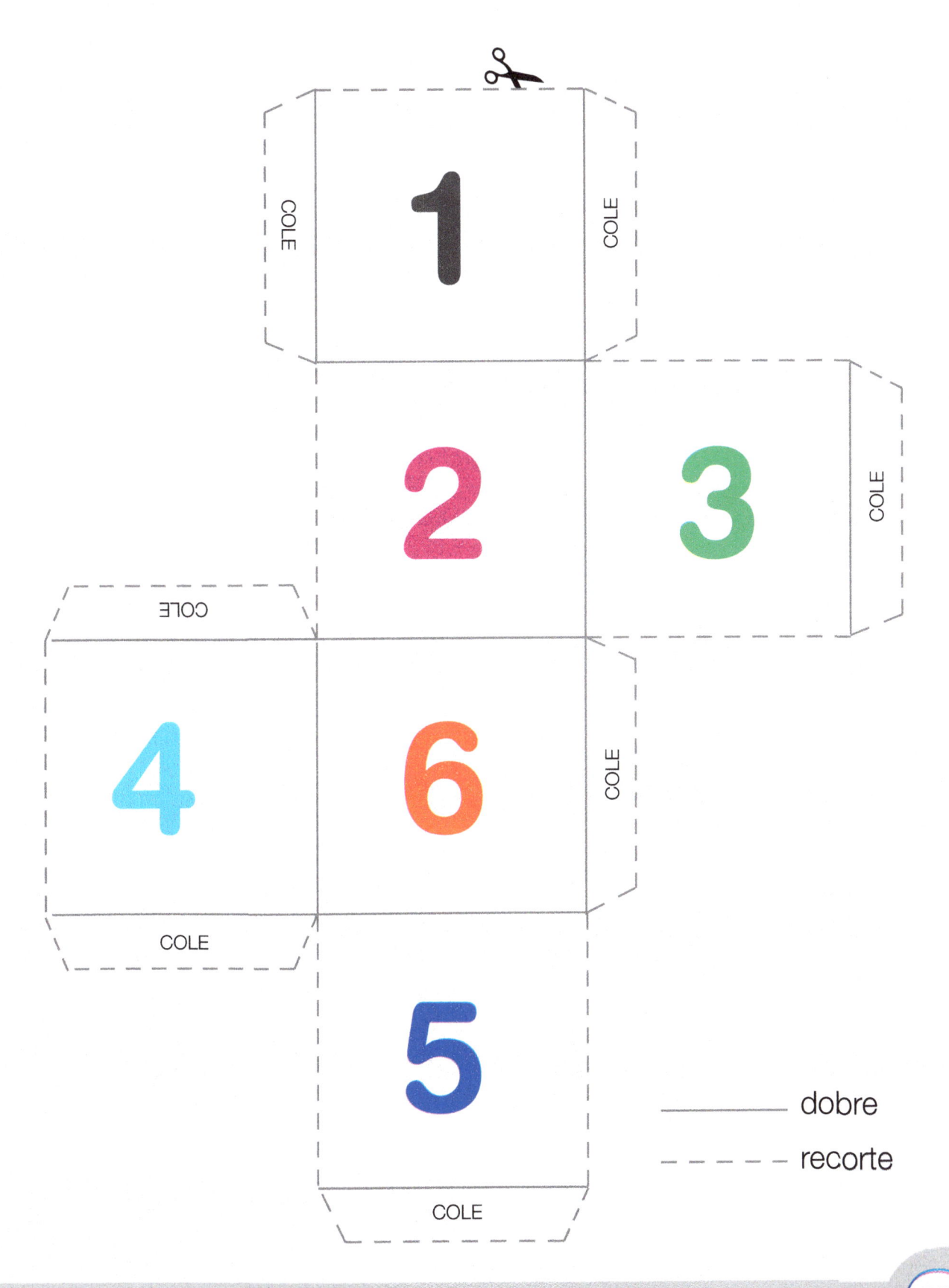

ALMANAQUE

	1	
4	2	3
	6	
	5	

——— dobre
- - - - recorte

Parte integrante da Coleção Eu Gosto M@is – Matemática 1º ano – IBEP.

DINHEIRO – APOIO PARA ATIVIDADES A PARTIR DA PÁGINA 201

217

Parte integrante da Coleção Eu Gosto M@is – Matemática 1º ano – IBEP.

CÉDULAS

ALMANAQUE

219

Parte integrante da Coleção Eu Gosto M@is – Matemática 1º ano – IBEP.

CASA DA MOEDA DO BRASIL

ALMANAQUE

221

Parte integrante da Coleção Eu Gosto M@is – Matemática 1º ano – IBEP.

DOMINÓ

(DA SEÇÃO "PARA SE DIVERTIR", PÁGINA 66)

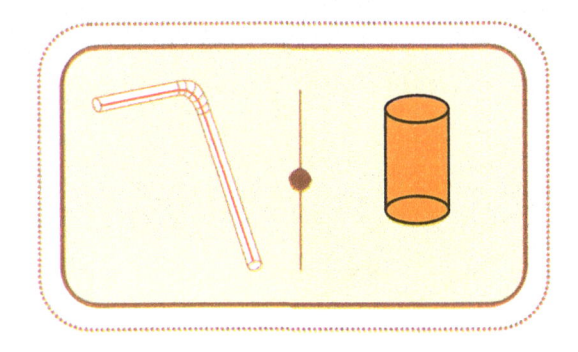

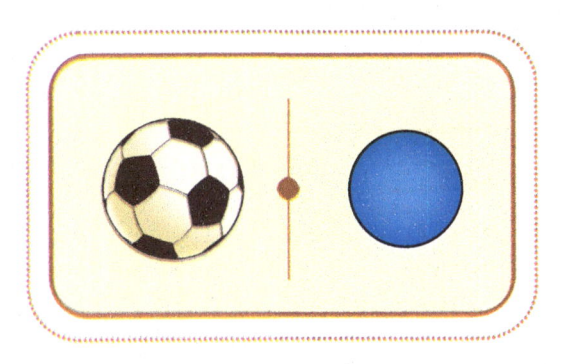

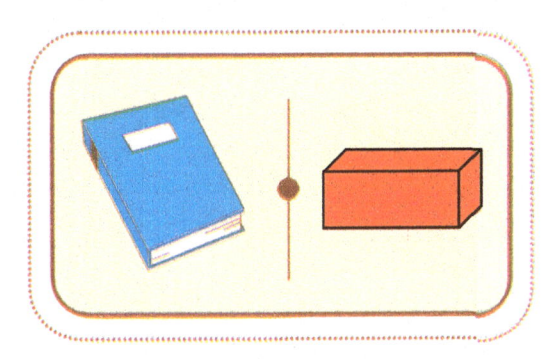

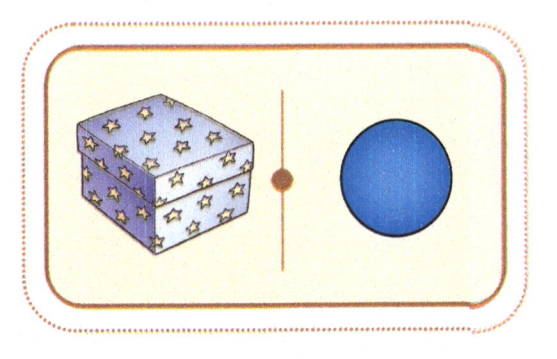

ALMANAQUE

DOMINÓ

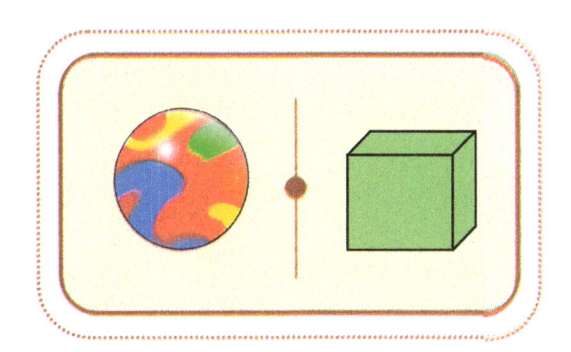

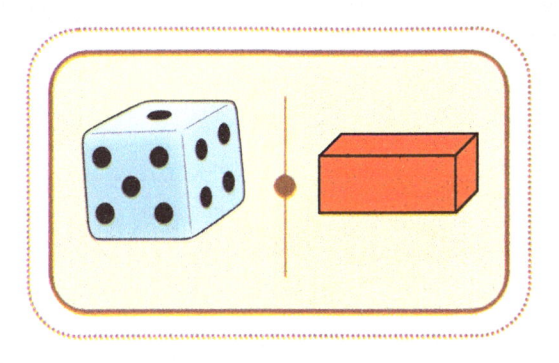

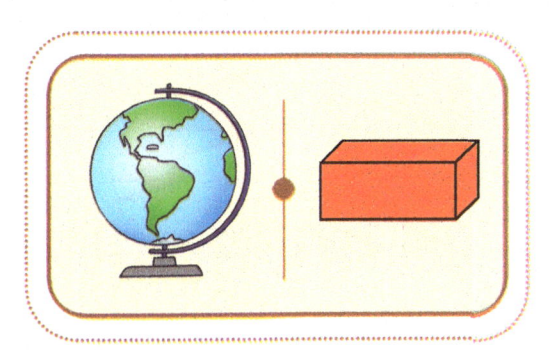

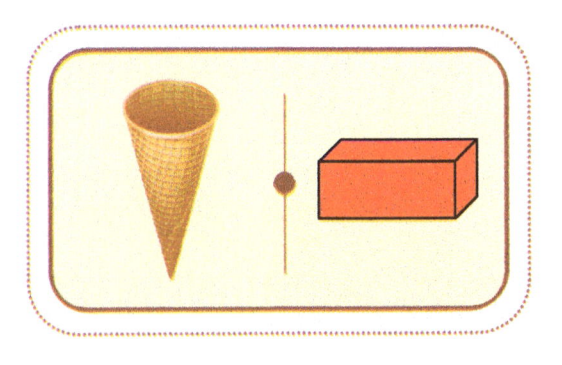

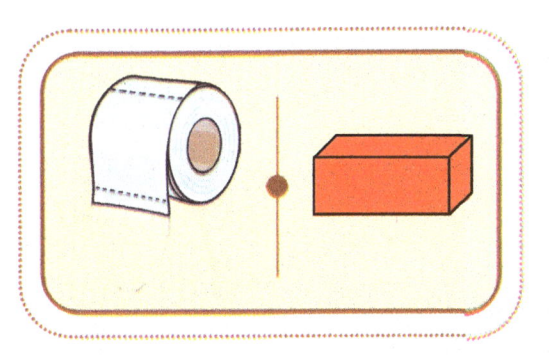

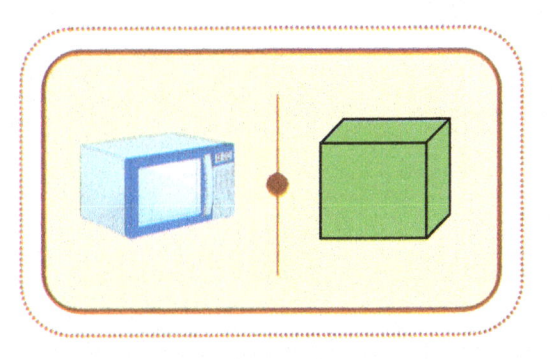

DOMINÓ

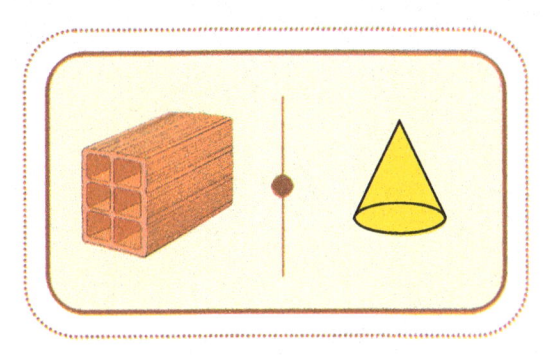

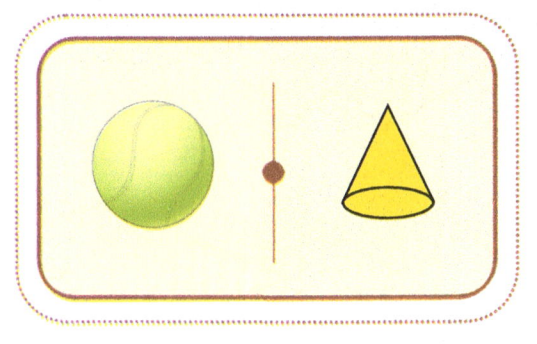

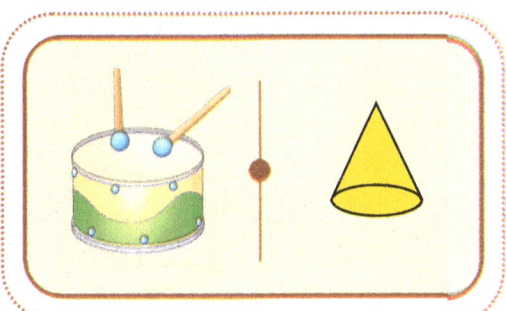

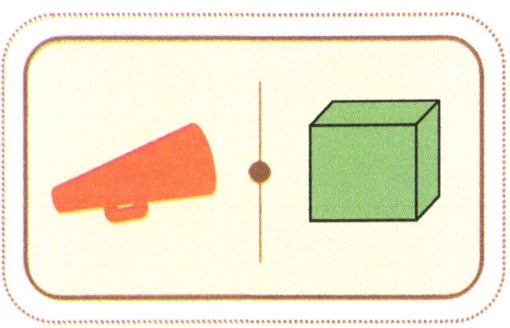

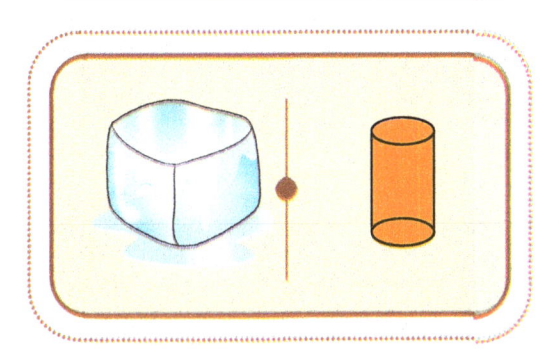

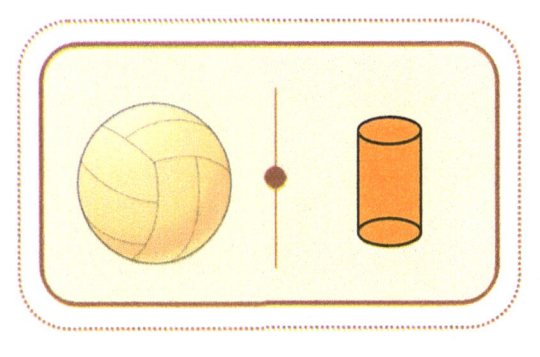

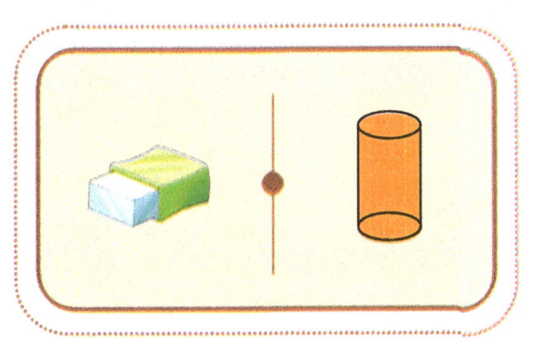

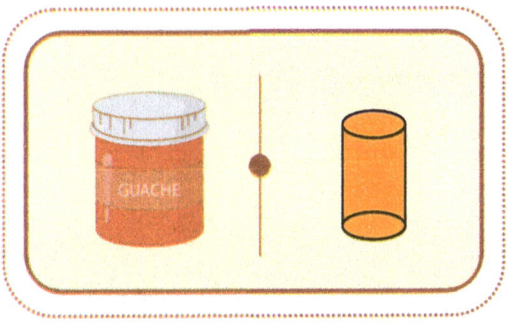

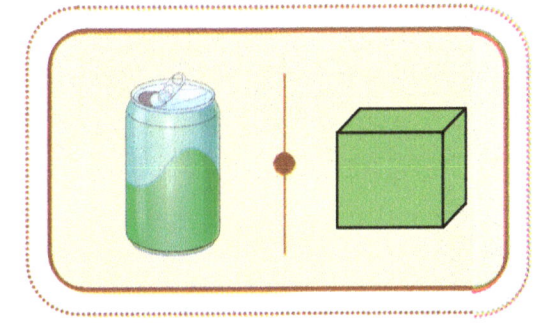

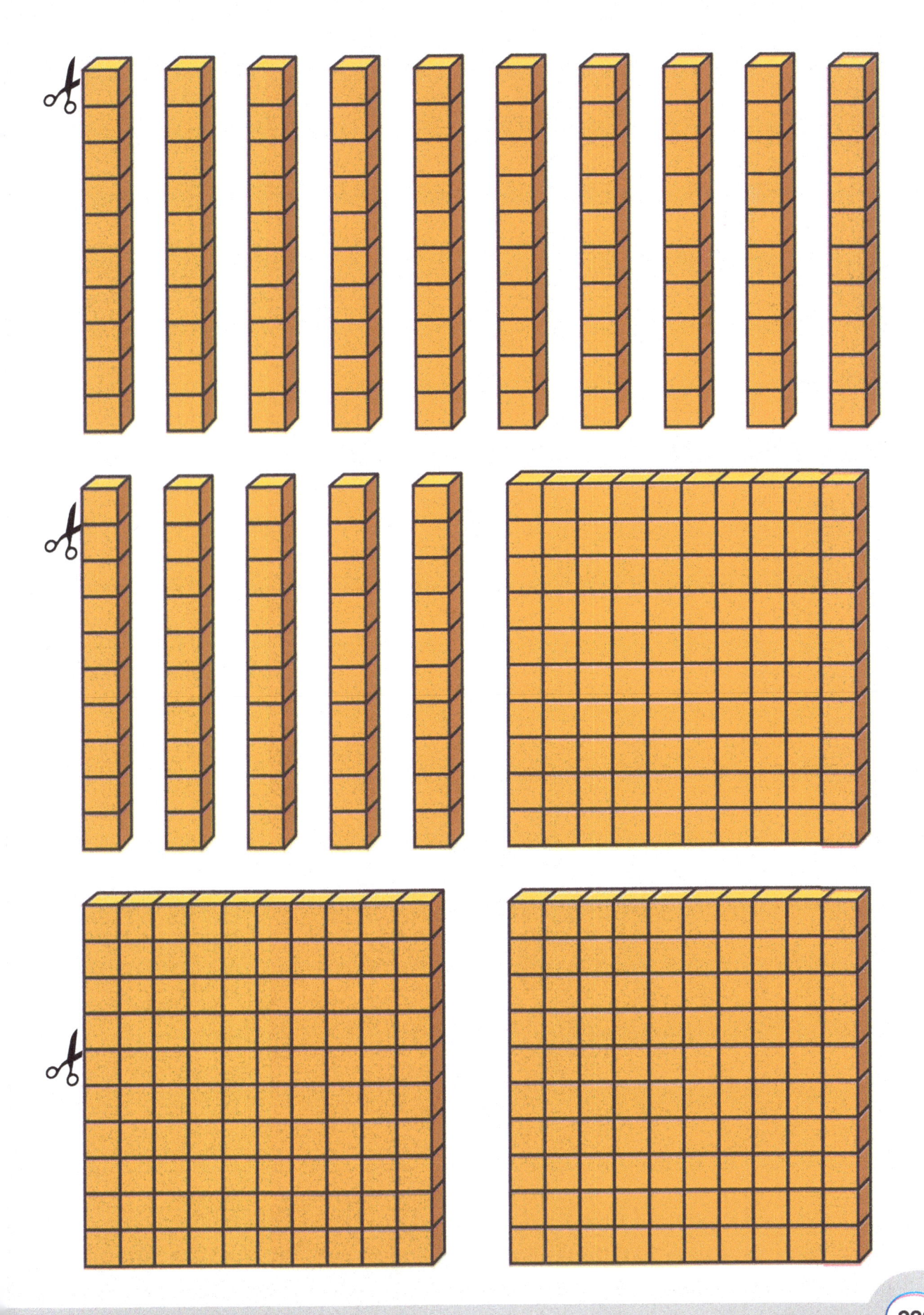

ALMANAQUE

Parte integrante da Coleção Eu Gosto M@is – Matemática 1º ano – IBEP.

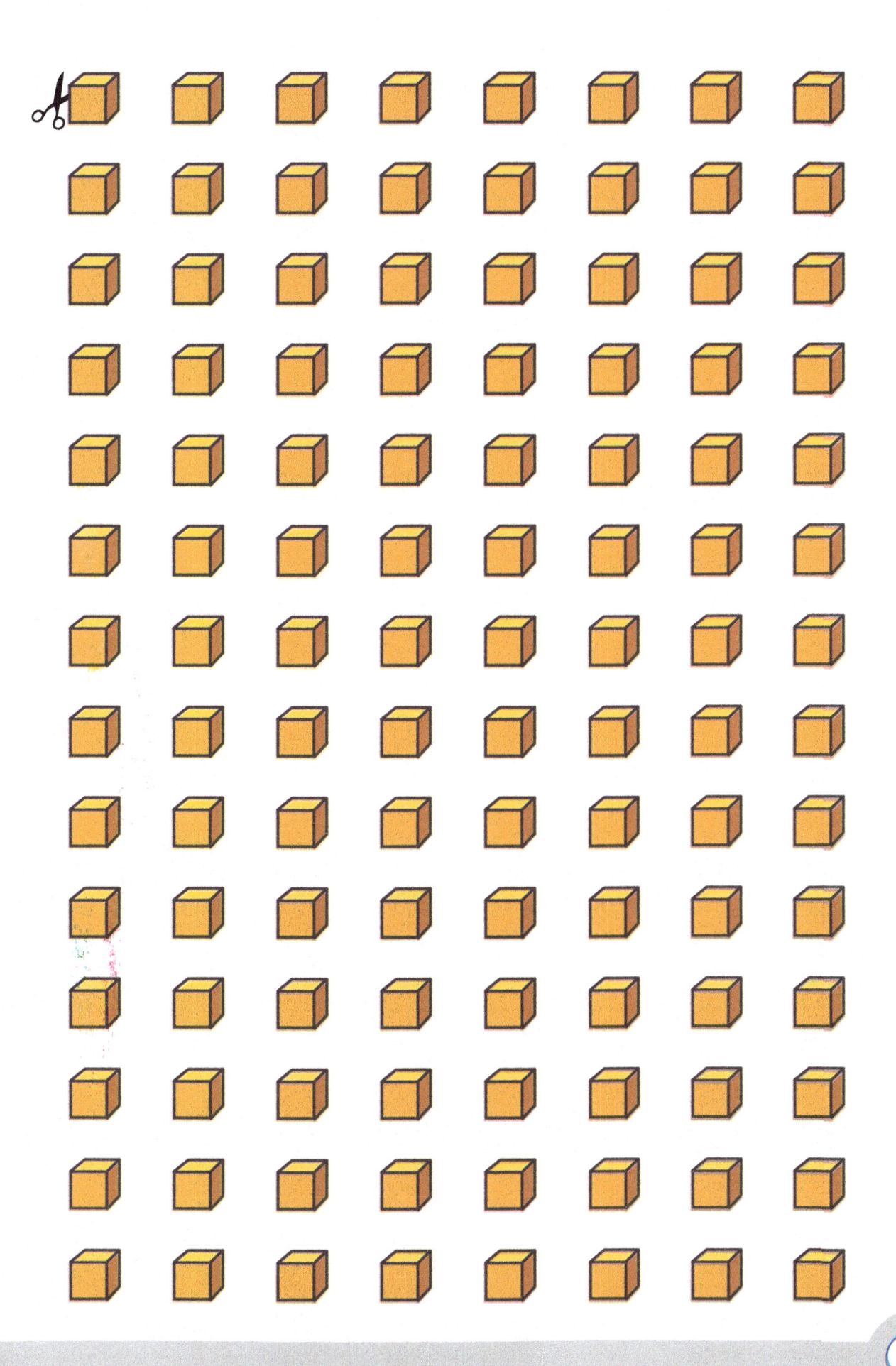

ALMANAQUE

231

Parte integrante da Coleção Eu Gosto M@is – Matemática 1º ano – IBEP.

ADESIVOS PARA COLAR NA PÁGINA 12

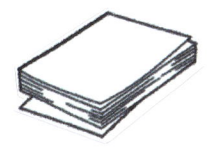

ATIVIDADE PARA SER FEITA NA LIÇÃO 5 – ORDENAÇÃO

Cole no caderno os cachorros na ordem crescente de tamanho.